金属矿采空区灾害防治技术

宋卫东　付建新　谭玉叶　著

U0315947

北　京
冶 金 工 业 出 版 社
2015

内 容 提 要

　　本书对金属矿采空区探测、稳定性分析及治理进行了全面论述，涵盖了金属矿采空区定义与特征、探测技术、稳定性分析及处理措施等内容。全书共6章，从采空区概念及结构特征入手，首先对采空区的探测技术进行了介绍，然后对采空区稳定性分析的方法进行了详细阐述；列举了大量的矿山工程应用实例，着重介绍了隐覆采空区工程物理探测技术与明采空区三维激光精细扫描技术；综合采用理论分析、数值模拟、现场调查等多种方法，阐述了不同类型采空区的稳定性分析特征。书中介绍的 AGI 高密度电法、采空区三维激光扫描技术以及基于此的采空区稳定性分析，可为采空区灾害的防治提供参考。

　　本书可供从事金属与非金属矿开采理论及其工程应用的科研人员及高等院校相关专业的师生使用，也可供采矿工程技术人员及矿山生产管理干部参考。

图书在版编目(CIP)数据

　　金属矿采空区灾害防治技术／宋卫东，付建新，谭玉叶著．—北京：冶金工业出版社，2015.9
　　ISBN 978-7-5024-7043-2

　　Ⅰ.①金…　Ⅱ.①宋…　②付…　③谭…　Ⅲ.①金属矿—采空区—矿山事故—灾害防治—研究　Ⅳ.①TD77

　　中国版本图书馆 CIP 数据核字(2015)第 221636 号

出版人　谭学余
地　　址　北京市东城区嵩祝院北巷 39 号　邮编　100009　电话　(010)64027926
网　　址　www.cnmip.com.cn　电子信箱　yjcbs@cnmip.com.cn
责任编辑　张耀辉　宋　良　美术编辑　彭子赫　版式设计　孙跃红
责任校对　禹　蕊　责任印制　李玉山
ISBN 978-7-5024-7043-2
冶金工业出版社出版发行；各地新华书店经销；固安华明印业有限公司印刷
2015 年 9 月第 1 版，2015 年 9 月第 1 次印刷
169mm×239mm；11.5 印张；222 千字；174 页
45.00 元
冶金工业出版社　投稿电话　(010)64027932　投稿信箱　tougao@cnmip.com.cn
冶金工业出版社营销中心　电话　(010)64044283　传真　(010)64027893
冶金书店　地址　北京市东四西大街 46 号(100010)　电话　(010)65289081(兼传真)
冶金工业出版社天猫旗舰店　yjgycbs.tmall.com
　　　　　　　(本书如有印装质量问题，本社营销中心负责退换)

前　　言

　　地下开采是金属矿开采的主要方式，长期大规模开采及采后处理的滞后，形成了大量的采空区，成为矿山的重大危险源之一。准确地掌握采空区的空间位置及其形态是进行采空区稳定性分析及评价的重要前提，而正确的稳定性分析结论又是对采空区进行处理的关键前提。由于矿体赋存状态的多样性和地下开采环境的复杂性，使得金属矿采空区具有隐蔽性、动态性及聚集性等特点，也给传统的探测手段及分析方法带来局限性，因此，采空区探测技术和稳定性分析方法还需要进一步地研究完善。

　　本书作者通过多年的科研工作，在金属矿采空区精细探测、稳定性分析及治理方面积累了丰富的理论与实践经验，悉知目前采空区探测最新的技术及稳定性分析理论方面的新进展。为了使读者尤其是现场一线技术人员更好地理解采空区的探测技术及分析手段，本书精选了简明易懂的材料，并选取了大量的工程应用实例，内容具体而充实。

　　全书共分6章，第1章对金属矿采空区的现状进行了简单介绍，第2章对采空区的概念、分类及主要特性进行了阐述，第3章结合工程实例对采空区定位及探测技术进行了全面论述和分析，第4章则对金属矿采空区的稳定性分析方法及治理技术进行了介绍，第5章和第6章结合工程实例对不同类型采空区的稳定性分析方法及处理手段进行了深入的阐述。

　　在本书出版之际，衷心感谢北京科技大学吴爱祥教授、胡乃联教授、高永涛教授、李长洪教授、谢玉玲教授和吴顺川教授等在科研期间给予的指导和帮助，以及杜建华博士、徐文彬博士、吴珊博士、孙新博硕士、母昌平硕士和汪海萍硕士等的辛勤付出。

　　在本书撰写过程中，武钢程潮铁矿、大冶铁矿、青海山金矿业有限责任公司、河北钢铁石人沟铁矿、山东招金矿业和北京咏归科技有限公司等有关单位提供了翔实的资料和数据，在此谨对上述单位表示感谢！

　　本书出版得到了国家自然科学基金（No. 51374033）、中央高校基本科研业务费专项资金（No. FRF-SD-12-003A）、教育部博士点基金（No. 20120006110022）的资助。

　　由于时间和水平所限，书中不妥之处，恳请专家、学者不吝批评和赐教！

作　者

2015 年 4 月

目　　录

1　概　　述

1.1　金属矿采空区现状

地下开采是矿产资源开采的主要方式[1]，在矿山开采过程中，通过机械切割或者爆破技术，将矿石从矿体上分离下来，就形成了采空区[2~4]。大量未处理的采空区，严重影响着井下开采的安全，也威胁着周围居民的生命财产安全和生态环境，成为金属矿山重大危险源之一[5]。近些年对矿物资源需求的大幅增长，迫使我国大幅度提高矿山开采强度，采空区数量大量增加，事故也随之逐年增加。国家安监总局于 2014 年 6 月 17 日颁布第 67 号令，明文规定金属非金属地下矿山企业"必须加强顶板管理和采空区监测、治理"。采空区稳定与否是保证矿山企业正常生产的关键因素之一[6]。

我国是世界上矿山生产第一大国，据有关部门统计，我国 2012 年铁矿石原矿产量 13 亿吨，10 种有色金属产量 3672 万吨，黄金 403 吨[7,8]。目前我国拥有 1 万多座地下金属矿山，地下矿石产量占冶金矿山的 30%、有色矿山的 90%、黄金矿山的 85%、核工业矿山的 60%。每年从地下开采矿石总量超过 50 亿吨。据有关部门保守估算，我国矿山采空区体积累计超过 250 亿立方米，相当于三峡水库的容量[9,10]，可以使上海市区整体塌陷 30 多米。地下采空区对工程的危害是显著的。

1.2　采空区主要灾害

金属矿采空区具有隐蔽性，自身失稳造成的直接灾害及次生灾害种类繁多，危害极大。对于金属矿山，采空区主要失稳形式为顶板冒落，若发生大面积顶板冒落事故，还会引起严重的次生灾害，如引发强烈空气冲击波，引起地面塌陷，造成设备陷落、建筑物倒塌及人员被埋。此外，采空区透水、有毒有害气体突出、串风、漏风和矿石自燃等也是采空区灾害的易发类型[11]。金属矿采空区可能导致的灾害类型，如表 1-1 所示。

表 1-1　采空区灾害主要类型及原因

类别	危害形式	发 生 原 因	影 响 范 围
直接影响	冒顶片帮	采空区围岩失稳	局部作业区域的人员、设备
	冲击气浪	采空区坍塌急剧压缩采空区内空气	全矿地下作业人员和设备、设施

类别	危害形式	发 生 原 因	影 响 范 围
直接影响	矿震	采空区坍塌岩石造成机械冲击和冲击气浪及岩爆的复合作用	全矿地下作业人员和设备、设施
	突泥突水	采空区内积泥、水突然涌出	全矿作业人员和设备、设施
	自燃	采空区内氧化反应热量得不到及时扩散	全矿地下作业人员和设备、设施
	串风	部分新鲜风流进入采空区	地下局部作业地点工作人员
	岩爆	采空区存在加剧了应力集中	地下局部作业地点工作人员和设备、设施
间接影响	地面崩塌	采空区坍塌或顶板变形发展到地表	采空区上方人员与设施
	滑坡	采空区坍塌或顶板变形发展到地表	采空区上方山体

下面对主要的灾害进行介绍。

1.2.1　冒顶片帮

冒顶片帮是地下采空区顶板和边帮岩石冒落、崩塌，它是采空区导致的最直接的危害。金属矿山岩石硬度较高，因此冒顶片帮常常无明显前兆特征，具有突发性，发生频度高，难以防范，是矿山生产安全的主要危害。

根据相关统计，冒顶片帮是矿山主要的伤亡事故，2001～2007 年共发生2232 起，死亡 2917 人，分别占事故总起数、死亡总人数的 17.0%、16.6%。

1.2.2　冲击气浪

采空区大面积顶板瞬时一次性冒落时，改变了采空区的容积，使空腔内的空气瞬时被压缩而具有相当高的压缩空气能量。冒落采空区内被压缩的空气能冲出垮冒区快速向周围流动，这种快速流动到采掘巷道与各个角落的气流形成强大的空气冲击波，对沿途巷道内的作业人员和设备产生极大危害。

2005 年 11 月 6 日，河北省邢台市尚汪庄石膏矿区因采空区顶板大面积冒落而引发了"11.6"特别重大坍塌事故，造成 33 人死亡（其中井下 16 人，地面17 人），38 人受伤（其中井下 26 人，地面 12 人），井下 4 人失踪。

2006 年 8 月 19 日，湖南省石门县天德石膏矿老采空区大面积冒顶，造成天德、澧南两矿 9 人死亡，并造成地表大面积塌陷，房屋、牲畜受损。

1.2.3　大面积冒顶诱发矿震

矿震是开采矿山直接诱发的地震现象，震源浅，危害大，小震级的地震就会导致井下和地表的严重破坏。近年来，金属矿山矿震现象增多，强度增大。

以下为近年来我国非煤矿山由于大面积冒顶诱发矿震灾害的典型实例。

（1）湖南省涟源市青山硫铁矿因地下采空区过大，1996 年 7 月 1 日发生了 ML2.6 级地震，地表少数房屋开裂破坏，井下采场大面积冒顶，四个采场大面积垮塌。

（2）山东省枣庄市峄城石膏矿区，2002 年 5 月 20 日 21 时发生大面积冒顶塌陷事件引发矿震，井下形成强大的冲击气浪，裹携着泥土和矿石，以千钧之势从井口喷出，整个过程持续了 5 分多钟，井旁很快堆成一座小山。能量相当于震级 ML3.6 级。

（3）2003 年 1 月 17 日 15 时，湘潭市花石镇泥湾石膏矿大面积冒顶诱发了 ML2.8 级地震，造成地面开裂、沉陷，居民房屋倒塌，矿山设施遭受严重破坏，损失巨大。

（4）河北省邢台县尚汪庄石膏矿区"11.6"特别重大坍塌事故诱发了 ML3.1 级地震。

（5）湖南省石门县天德石膏矿"8.19"重大坍塌事故诱发了 ML3.6 级地震。

1.2.4 突泥突水

采空区突泥突水是非煤矿山多发性工程地质灾害，因其具有突发性、隐蔽性等特点，一旦发生，往往会发生灾难性事故。

山东莱芜铁矿谷家台二矿区 1999 年发生特大井下涌水，导致 29 人死亡和关闭工区的特大灾害；广西南丹县境内的大厂矿区下拉甲锡矿和龙山锡矿在 2001 年 7 月 17 日凌晨 3 时因矿坑涌水，导致这两个矿山同时被淹，死亡 81 人，造成恶劣的社会影响、惨重的伤亡事故和巨大的经济损失。

1.2.5 地面塌陷及山体滑坡

由于受采空区影响造成地表塌陷及陡坡滚石的事故在国内金属矿山中越来越多。

宜昌磷矿区远安县盐池河磷矿，自 1969 年至 1980 年因采矿在地下形成约 6.4 万平方米的采空区，于 1980 年 6 月 3 日凌晨发生体积达 100 万立方米的塌陷，仅 16 秒钟就摧毁了山体下的全部建筑物和坑口设施，导致 284 人死亡，整个矿务局毁于一旦，造成中国硬岩采矿史上的最大悲剧。

广东省大宝山矿业有限公司铜铁矿井下生产采用空场法采矿，由于民采抢采矿石，乱采滥挖，形成了大量的采空区（超过 200 万立方米）。2004 年 11 月 27 日，由于采空区引发了面积为 2.3 万平方米的大面积冒落，诱发上部原露天矿边坡滑坡。据初步估计，塌方量有 200 多万立方米。

20 世纪 80 年代以来，我国金属矿采空区引发的地质灾害如表 1-2 所示[12]。

表1-2 金属矿采空区主要灾害列表

矿山名称	采空区面积/m^2	采空区体积/m^3	采矿方法	灾害发生时间	灾 害 描 述
盐池河磷矿	6.4×10^4	51.2×10^4	房柱法	1980	采矿引起山崩，摧毁地表建筑物和设施，造成284人死亡
刘冲矿	12×10^4	60×10^4	浅孔房柱法、浅孔留矿法	1983	采空区约2万平方米的顶板冒落，引发岩体移动，地表陷落
拉么锌矿	12×10^4	64×10^4	全面法、留矿法	1985	采空区突然垮落，造成地表陡坡地形约30多万立方米岩土顺坡滑动，使全矿生产陷入瘫痪
朱崖铁矿	3.7×10^4	46.3×10^4	无底柱分段崩落法	1987	地表突然塌陷，坑长310m，宽8~12m，造成12人伤亡，周围房屋受损
团城铁矿	7.2×10^4	86.4×10^4	无底柱分段崩落法	1989	地表机修车间突然陷落，形成直径30m，深11m的陷落坑，4人死亡
罗家金矿	4.6×10^4	27.4×10^4	房柱法、留矿法	1991	欧家界矿段突然发生坍落，塌陷坑东西长35m，南北宽20m，深20m，塌陷坑影响深度达170m
刘冲矿	17×10^4	80×10^4	浅孔房柱法、留矿法	1992	采空区顶板发生大面积冒落，并迅速波及地表，造成塌陷
高峰锡矿	5.8×10^4		空场法	1993	地表塌陷，导致至少13人死亡，损毁大量井下工程，形成直径70m，坑深约30m的塌陷坑
花垣锰矿	29.6×10^4	59.2×10^4	房柱法	1994	先后发生两次大规模地压活动，造成生产中断及重大经济损失
邵东石膏矿	90.5×10^4	371×10^4	房柱法	1996、2001	地面塌陷面积26000m^2（39亩）。诱发地面沉降20处，地面开裂29条。因沉降导致农田干涸荒芜面积达66000m^2（99亩），民宅开裂
铜坑锡矿	5.4×10^4	196×10^4	空场法、充填法	1998	地表陷落，陷落坑面积为5000m^2，死亡20人以上
恒大石膏矿	1.2×10^4	9.6×10^4	类房柱法	2001	顶板大面积垮落，死亡29人。无正规设计，全矿只有一个安全出口，且通风不畅
里伍铜矿	26.7×10^4	153.5×10^4	房柱法	2000~2003	三年间共发生5次较大的地表垮塌，地表垮塌总面积已达10600m^2，一系列地压活动曾导致矿山停产，矿量损失

2 金属矿采空区形成及特征

2.1 采空区概念及基本特征

采空区，顾名思义，是在矿山开采过程中形成且未得到有效处理的空间，煤矿中也把采空区称为"老塘"、"老窿"[13]。对于采空区的定义，目前并没有统一的规定，《矿山安全术语》（GB/T 15259—2008）中将采空区定义为"采矿以后不再维护的地下和地面空间"，而《采空区工程地质勘察设计实用手册》中则将采空区定义为"人们在地下大面积采矿或为了各类目的在地下挖掘后遗留下来的矿坑或洞穴"。由此可见，上述定义中采空区包含了人工地下采挖的所有空间，包括巷道、溜井等。实际上，往往只有开采矿体形成的采空区才能引发较严重的地压灾害，因此本书主要讨论狭义的采空区概念，即开采矿体之后形成的空间，这也是采空区的重要特征之一[14,15]。

在金属矿山中，通常将采空区与地压紧密联系在一起，对采空区进行处理的目的就是有效地控制地压的显现，防止灾害的发生。因此，采空区一般具有灾害的诱导倾向，这也是采空区的重要特征之一[16]。

矿山生产往往具有很长的开采周期，采空区形成之后并不是处于绝对平衡状态，而是不断地受到周围爆破采动的影响，是一种相对平衡。在长期地压作用下，采空区围岩往往发生蠕变，甚至发生冒落片帮，造成体积和形状不断变化。随着开采进行而不断变化，也是采空区的重要特征之一[17]。

综上所述，金属矿采空区通常具有以下特征：

（1）随着矿山开采而形成，是开采矿体后形成的空间；

（2）与地压密不可分，具有灾害诱导倾向；

（3）始终处于相对平衡状态，随着开采而不断变化。

正确掌握采空区的概念和特征，是进行采空区稳定性控制和灾害治理的重要前提。

2.2 采空区分类及特性

不同的金属矿山，矿体的形态具有较大的差异，赋存条件也千差万别，造成了采空区形态各异。不同类型的采空区的处理方法和灾害类型等也有区别[18]，根据不同的划分标准，采空区可划分为不同的种类。

2.2.1　根据不同的开采方法划分

采空区是开采矿体后形成的空间，因此不同采矿方法形成的采空区也存在较大差异。根据不同的采矿方法，可将采空区划分为空场法采空区、崩落法采空区及充填法采空区。

2.2.1.1　空场法采空区

空场法一般适用于开采矿石和围岩都很稳固的矿床，采空区在一定时间内，允许有较大的暴露面积。目前较为常用的包括房柱法（全面法）、浅孔留矿法及阶段矿房法[19,20]。不同方法形成的采空区也稍有差别。

A　房柱法采空区

房柱采矿法是空场采矿法的一种，它是在划分矿块的基础上，将矿房和矿柱互相交替排列，而在回采矿房时留下规则的或不规则的矿柱来管理地压。如图2-1所示为早期典型的房柱法开采方案设计图。

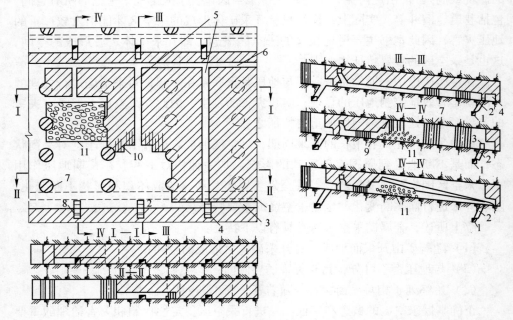

图 2-1　房柱法开采方案设计示意图

1—运输巷道；2—放矿溜井；3—切割平巷；4—电耙硐室；5—上山；6—联络平巷；7—矿柱；
8—电耙绞车；9—凿岩机；10—炮孔；11—矿石

根据该方法的结构特点可知，房柱法开采形成的采空区主要由矿柱及顶板组成，因此采空区稳定性主要取决于矿柱和顶板的稳定程度。该方法形成的采空区体积往往较大，矿房长度一般为 40~60m，宽在 8~20m 之间，采空区暴露面积较大，且放置时间较久，因此要求围岩强度较大。

    B   浅孔留矿法采空区

    留矿法曾经在我国占有相当大的比重，其中浅孔留矿法是主要的方法，矿石和围岩稳固矿体厚度小于 5~8m 的急倾斜矿体，在我国广泛地采用浅孔留矿法开采[21]。浅孔留矿法标准矿块设计示意图如图 2-2 所示。

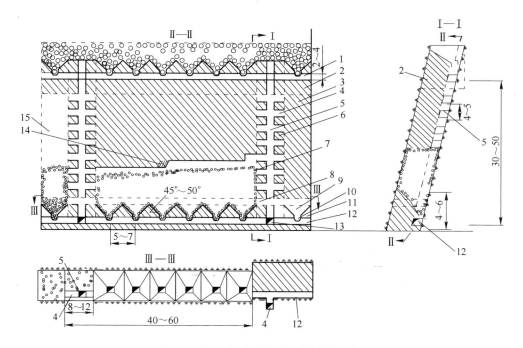

图 2-2   浅孔留矿法标准矿块设计示意图

1—上阶段运输巷道（回风巷道）；2—顶柱；3—采准矿块；4—人行通风道；5—人行通风天井；

6—间柱；7—崩落的矿石；8—拉底巷道；9—漏斗；10—漏斗颈；11—底柱；

12—阶段运输巷道；13—小川；14—炮孔；15—大放矿的矿房

    根据浅孔留矿法结构特点及适用范围可知，采用该方法开采形成的采空区具有体积较小、容易观测、形态狭长、暴露时间较长等特点。

    C   阶段矿房法采空区

    阶段矿房法是用深孔落矿的采矿方法，它也是把矿块划分为矿房和矿柱两部分进行回采，先采矿房，后采矿柱，最后也要有计划地进行采空区处理[22]。通常采用中深孔的方法进行开采，如图 2-3 所示为分段凿岩阶段矿房法典型方案。

    根据矿体的厚度，矿房的长轴可沿走向布置成垂直走向方向。一般当矿体厚度小于 15m 时，矿房沿走向布置。当矿石和围岩极稳固时，这个界限可以增加到 20~30m。一般如果矿体厚度大于 20~30m，矿块应垂直走向布置。阶段高度一

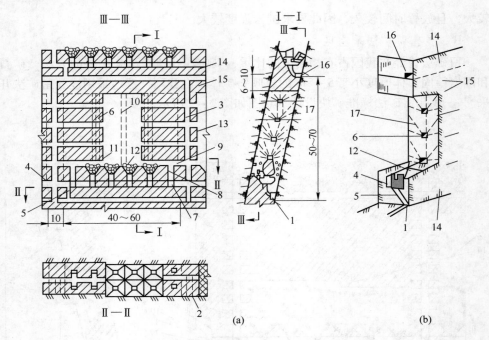

图 2-3 分段凿岩阶段矿房法典型方案

(a) 投影图；(b) 立体图（矿房部分）

1—阶段平巷；2—横巷；3—通风人行天井；4—电耙巷道；5—矿石溜井；6—分段凿岩巷道；
7—漏斗穿；8—漏斗颈；9—拉底平巷；10—切割天井；11—拉底空间；12—漏斗；
13—间柱；14—底柱；15—顶柱；16—上阶段平巷；17—上向扇形中深孔

般为 50～70m。阶段高度受围岩的稳固性、矿体产状稳定程度以及高天井掘进技术的限制。分步凿岩阶段矿房法的阶段高度一般为 50～70m，由于这种方法的采空区是逐渐暴露出来的，因而阶段高度可以大一些。

该方法要求围岩稳固性高，保证不发生大范围片落、冒顶等事故，同时要求矿体倾角不得小于矿石的自然安息角，一般应当为 50°以上。所以形成的采空区往往体积巨大，但围岩稳固性较好，倾角较大，因此稳定性相对较好，但不宜长期放置，应及时进行处理。

2.2.1.2 充填法采空区

随着采矿工作面的推进，逐步用充填料充填采空区的方法称为充填采矿法[23]。充填采矿法也将矿块划分为矿房和矿柱两步骤回采，先采矿房，后采矿柱。矿柱回采可用充填法，也可以考虑用其他方法。

充填采矿法分为垂直分条充填采矿法、削壁充填采矿法、分层充填采矿法、进路充填采矿法、分段空场嗣后充填采矿法、阶段空场嗣后充填采矿法和浅孔留矿嗣后充填采矿法七种[24]。按照充填材料又可分为干式充填材料、水砂充填材料及胶结充填材料三种[25]。各种充填采矿方法的适应范围如表 2-1 所示。

表 2-1 根据矿岩稳固性、矿体厚度和倾角可选用的充填采矿法

矿体倾角	矿体厚度	矿 岩 稳 固 性			
		矿石稳固 围岩稳固	矿石稳固 围岩不稳固	矿石不稳固 围岩稳固	矿石不稳固 围岩不稳固
缓倾斜	薄~极薄	分层充填采矿法	垂直分条充填法	垂直分条充填法	垂直分条充填法
	中厚	分层充填采矿法、分段空场嗣后充填法、阶段空场嗣后充填法	分层充填采矿法	进路充填采矿法、垂直分条充填法	垂直分条充填法
	厚~极厚	分层充填采矿法、分段空场嗣后充填法、阶段空场嗣后充填法	分层充填采矿法	进路充填采矿法	分层充填采矿法、进路充填采矿法
倾斜	薄~极薄	浅孔留矿嗣后充填法	垂直分条充填法、分层充填采矿法	进路充填采矿法	进路充填采矿法、分层充填采矿法
	中厚	分段空场嗣后充填法	分层充填采矿法、分段空场嗣后充填法	进路充填采矿法	分层充填采矿法、进路充填采矿法
	厚~极厚	阶段空场嗣后充填法	分层充填采矿法、分段空场嗣后充填法	进路充填采矿法、分层充填采矿法	进路充填采矿法、分层充填采矿法
急倾斜	极薄	削壁充填法、浅孔留矿嗣后充填法	削壁充填法	进路充填采矿法、分层充填采矿法	分层充填采矿法、进路充填采矿法
	薄	浅孔留矿嗣后充填法	分层充填采矿法	进路充填采矿法	进路充填采矿法、分层充填采矿法
	中厚	分段空场嗣后充填法	分层充填采矿法、分段空场嗣后充填法	进路充填采矿法、分层充填采矿法	分层充填采矿法、进路充填采矿法
	厚~极厚	阶段空场嗣后充填法	分层充填采矿法、阶段空场嗣后充填法	进路充填采矿法、分层充填采矿法	分层充填采矿法、进路充填采矿法

随着充填采矿技术的发展，目前常用的充填采矿法主要有分层充填和嗣后充填两种方案，其中，分层充填法适用范围较广，但由于其生产效率较低，生产成本较高，主要用于矿岩，尤其是矿体破碎、稳固性差的情况；嗣后充填主要适用于矿岩条件较好的情况。

由此可知，采用充填法进行开采，由于在开采过程中已采用充填料对采空区进行了有效的处理，因此充填法采空区往往体积较小且存在时间较短，总体来说，充填法采空区由于得到了即时处理，稳定性相对较好。而对于空场嗣后充填的采空区，在进行充填处理之前，其采空区特征与空场法大致相同。

2.2.1.3 崩落法采空区

崩落采矿法就是以崩落围岩来实现地压管理的采矿方法,即在崩落矿石的同时强制或自然崩落围岩,充填采空区[26]。崩落采矿法具有以下特点:

(1)崩落法不再把矿块划分为矿房和矿柱,而是以整个矿块作为一个回采单元,按一定的回采顺序,连续进行单步骤回采。

(2)在回采过程中,围岩要自然或强制崩落。

(3)崩落法开采是在一个阶段内从上而下进行的,与空场采矿法不同。

如图2-4所示为典型崩落法三维示意图。

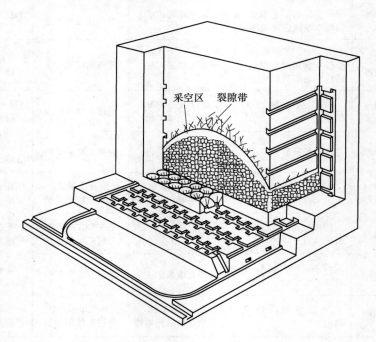

图 2-4 典型崩落法三维示意图

采用崩落法开采时,由于顶板滞后冒落,采空区顶板面积达到一定规模后,会发生大规模突然冒落,形成的采空区的体积大小和形态都不可控制和预测,因此崩落法形成的采空区较隐蔽,定位探测复杂,且采空区围岩裂隙发育,稳定性较差,极易引起地表的塌陷。

2.2.2 根据采空区存在时间划分

(1)即时处理采空区。在回采过程中,就对形成的采空区采取措施进行控制,如充填、崩落或封堵等,因此该类型采空区往往是采矿过程中的一个工序,充填法、部分崩落法及部分空场法采空区属于此类采空区。

（2）长期放置采空区。在开采过程中，由于工艺等原因，部分采空区不能得到及时处理，而是将采空区入口进行简单封堵，并未进行进一步处理。该类型采空区常见于采用空场法回采的矿山，体积差别较大。此类采空区由于长期放置，围岩状态发生了较大的变化，处于爆破扰动剧烈区域的采空区稳定性往往较差，具有一定的安全隐患。

2.2.3 根据采空区空间形态划分

由于矿体形态的千变万化造成了采空区形态千差万别，不同类型采空区形成过程中，对围岩的扰动规律是不同的。根据采空区结构因素，采空区形态主要可分为两种：

（1）立方形采空区。该类型采空区长度（L）和宽度（B）相差较小，即 $L \leq 2B$，高度一般为 $15 \sim 70m$，采空区在形成过程中，主要表现为高度的上升。

（2）狭长形采空区。该类型采空区长度（L）远远大于宽度（B），即 $L > 3B$，高度一般为 $10 \sim 15m$，采空区在形成过程中，主要表现为长度的增加。

2.2.4 根据采空区规模大小划分

（1）独立采空区。这些采空区在空间上距离较远（一般大于开采造成的应力影响范围）。由于开采对围岩造成的扰动只有一次，因此稳固性一般较好，但应注意采空区的体积及顶板暴露时间。

（2）群采空区。这类采空区空间距离较近，有的相互贯通，有的仅有间柱相隔。由于在形成过程中，围岩受到反复扰动，稳固性较差，应力复杂，须特别注意。

3 金属矿采空区的定位与探测技术

3.1 采空区探测技术综述

由于地下开采的特殊性,金属矿采空区一般较隐蔽,尤其是采用崩落法开采的矿山,采空区位置往往无法确定,长时间的放置,极易造成地表的塌陷,因此及时准确地对地下采空区进行定位与探测,是进行采空区稳定性分析和灾害控制的前提[27,28]。

早期矿山采空区的探测方法主要源于各类军事目的物理探测方法,包括电法、地震波法、电磁法及电阻率法等[29,30]。美国在探测方法及探测技术方面处于世界领先水平,全面发展了各类物理探测方法,尤其在高密度电阻率法及高分辨率地震勘探技术方面尤为突出,近些年又发展了高精度三维地震探测技术、地震 CT 技术等[31]。日本则在工程物探技术方面处于世界领先地位,尤其是地震波法[32]。欧洲国家及俄罗斯在采空区探测方面也具有明显的技术优势。相比于国外,我国一般采用工程钻探的方式进行采空区的探测,工程量大,精度低,但近些年逐渐加强了工程物探方面的研究与投入[33]。

随着采空区数量的日益增多,人们对探测精度要求也逐渐提高,以 3D 激光扫描技术为代表的探测技术逐渐发展起来,但由于矿山环境的复杂性,目前在采空区精细探测技术方面,国内外均处于起步阶段[34,35]。

根据探测技术的不同原理,目前采空区探测技术可分为电法、电磁法、非电法及地震波法等。根据采空区赋存状态,采空区探测技术可分为隐覆采空区探测及可视采空区精细探测。

3.2 隐覆采空区定位与探测

由于长期以来我国金属矿山,尤其是铁矿山,采用崩落法及浅孔留矿法进行开采,形成的采空区往往具有很高的隐蔽性,人员无法进入,且难以掌握采空区的方位及大小,不能进行及时有效的处理,从而造成了大面积地表塌陷,因此对隐覆采空区进行准确定位与探测,具有重要意义。目前主要采用工程钻探及工程物探的方式对采空区进行探测。根据探测工具的不同,电法探测可分为高密度电法及常规电阻法[36];电磁法探测可分为井间电磁波透视法、探地雷达法及瞬变电磁法[37];非电法探测可分为 3D 激光探测法、人工实测及钻孔法[38];地震波探测可分为地震波速法、浅层地震法及瑞雷波法[39]。各方法技术特点及适用范围如表 3 - 1 所示。

表3-1 采空区探测技术及其主要特点

方法名称	电法采空区探测技术		电磁法采空区探测技术			非电法采空区探测法			地震波法采空区探测技术		
	高密度电法	常规电阻率法	井间电磁波透视法	探地雷达法	瞬变电磁法	3D激光探测法	人工实测法	钻孔法	地震波速法(CT)	浅层地震法	瑞雷波法
利用岩层性质	视电阻率差异	视电阻率差异	电磁波传播速度差	波形与波幅差	脉冲波速差	光波岩壁反射观察	—	—	光波透射与绕射时间差	地震波反射时差与强弱	瑞雷波的频散效应
使用时间	20世纪90年代	20世纪30年代	20世纪50年代	20世纪90年代	20世纪60年代	2000～2005年	—	1900年	20世纪70年代	20世纪70年代	20世纪80年代
探测深度/m	100	100	<30	<30	<30	无限制	无限制	<200	<30	<30	<30
探测形状	多层复杂采空区	多层复杂采空区	多层复杂采空区	单层采空区	单层采空区	单层采空区	多层复杂采空区	多层复杂采空区	适用于各种形状	适用于各种形状	适用于各种形状
精度范围/%	5	5～10	10	5	5～10	1	3	2	5	10	10
干扰因素	电线、地下水管、铁管、游散电流、电磁干扰	电线、地下水管、铁管、游散电流、电磁干扰				无	仪器精度及人员素质	地质构造	噪声		

下面对几种主要的采空区探测方法进行介绍。

3.2.1   高密度电法

高密度电阻率法是以不同岩（矿）石之间导电性能差异为基础，通过观测和研究人工电场的地下分布规律和特点，实现解决各类地质问题的一种勘探方法[40]。高密度电阻率法实质是通过接地电极在地下建立电场，用电测仪器观测因不同导电地质体存在时地表电场的变化，从而推断和解释地下地质体的赋存状态，达到解决地质问题的目的。

电阻率是描述物质导电性能优劣的一个物理学参数，其值等于电流垂直流过单位长度、单位截面积的体积时，该体积的物质所呈现的电阻值[41]。物质电阻率越低，电导率越大，其导电性越好；反之，其导电性就越差。

天然岩(矿)石都是由矿物组成的,按导电机理而论,固体矿物可分为三类,即金属类导电矿物、半导体类导电矿物和固体离子类导电矿物[42]。金属类导电矿物包含各种天然金属,如自然金、银、铜、镍等,它们的电阻率值很低,有很好的导电性能;半导体类导电矿物几乎包括了所有的金属硫化物和金属氧化物,它们的电阻率变化范围较大,常被称为中等导电性矿物;固体离子类导电矿物包括绝大多数造岩矿物,如石英、长石、云母、方解石、辉石等,这类矿物都属于固体电解质,它们的电阻率值都很高,称为劣导电性矿物,在干燥的状态下几乎是绝缘体。

不同的天然岩（矿）石有不同的电阻率，同种岩（矿）石因赋存条件不同也会表现出不同的电阻率[43]。岩（矿）石所组成的地质体的不同电阻率是高密度电阻率法勘探、推断和解释地下地质体的一个基本的条件。高密度电法工作示意图如图3-1所示。

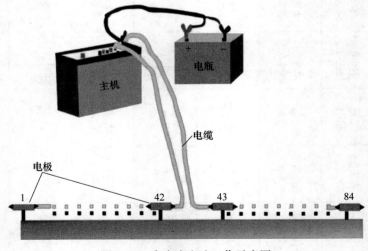

图 3 - 1   高密度电法工作示意图

3.2.2 地震映像法

地震映像法（高密度地震勘探和地震多波勘探）是基于反射波法中的最佳偏移距技术发展起来的一种常用的浅地层勘探方法[44]。这种方法可以利用多种波作为有效波来进行探测，也可以根据探测目的的要求仅采用一种特定的波作为有效波，包括常见的折射波、反射波、绕射波及具备一定规律的面波、横波和转换波等。

该方法要求每一个测点的波形记录都采用相同的偏移距激发和接收，保证接收到的有效波具有较好的信噪比和分辨率，能够反映出地质体沿垂直方向和水平方向的变化。地震映像法探测原理如图 3-2 所示。

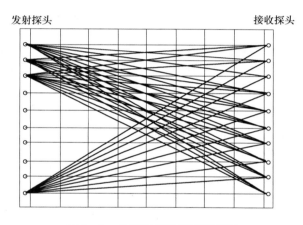

发射探头 接收探头

图 3-2　地震映像法探测原理图

地震映像法可以用波形图和彩色振幅图显示结果，同时进行运动学和动力学方面的解释分析，可以在空间、时间和频率域中进行数据处理与分析，随着设备性能的发展，数据可以快速处理，得到地震映像记录。

地震映像法具有数据采集速度快、可以采用多种波进行分析、数据解释方便等优点，但也有抗干扰能力弱、勘探深度有限、探测目标单一、只能研究横向地质情况等缺点[45]。目前利用地震映像法可以探测水域下地形分布及地貌情况，也可以用于探测矿山地下采空区、岩溶等地下洞穴。如图 3-3 所示为某地下采空区地震映像法探测示意图。

3.2.3 探地雷达法

探地雷达自 20 世纪 70 年代开始应用至今，其应用领域逐渐扩大，在考古、建筑、铁路、公路、水利、电力、采矿、航空各领域都有重要的应用，可解决场地勘查、线路选择、工程质量检测、病害诊断、超前预报、地质构造研究等问

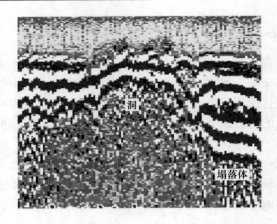

图 3-3　某地下采空区地震映像法探测示意图

题[46]。在工程地球物理领域有多种探测方法，包括反射地震、地震 CT、高密度电法、地震面波和地质雷达等，其中地质雷达的分辨率最高，而且图像直观，使用方便，所以很受工程界信赖和欢迎。

探地雷达法（GPR）是利用一个天线发射高频宽带（1MHz ~ 1GHz）电磁波，另一个天线接收来自地下介质界面的反射波而进行地下介质结构探测的一种电磁法[47]。由于它是从地面向地下发射电磁波来实现探测的，故称探地雷达，有时亦将其称作地质雷达。它是近年来在环境、工程探测中发展最快、应用最广的一种地球物理方法。

探地雷达法利用不同介质中电磁波传播路径、电磁场强度及波形的不同，根据接收波的双程走时、幅度与波形资料等特征推断介质种类。探地雷达探测地下采空区原理如图 3-4 所示。

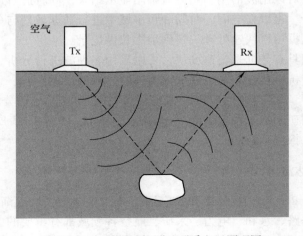

图 3-4　探地雷达探测地下采空区原理图

3.3 采空区激光精密探测技术

随着采矿技术及设备的发展，采矿方法逐渐向高段高，大尺寸发展，同时为了保护环境，充填采矿法的比例逐渐增加，目前新建金属矿山充填法比例已达90%[48]。充填法形成的采空区大多数是相对开放的，即有进入采空区的通道，这为采空区精细探测及测绘提供了条件，3D 激光探测技术逐渐得到发展。

3D 激光扫描技术是对确定目标的整体或局部进行完整的三维坐标数据探测，在三维空间进行从左到右，从上到下的全自动高精度步进扫描，进而得到完整的、全面的、连续的、关联的全景点坐标数据——"点云"，从而真实地描述出目标的整体结构及形态特性[49]。

探测头一般由发射器和接收器两部分组成，开始探测时，头部发射激光，一路直接进入接收器，另一路发射到待测的表面并被反射回来，进入接收器，频率保持不变，通过比较两部分光的时间间隔，进而确定被测物体的距离，通过对足够多点的探测，就形成了被测物体的表面形状。3D 激光扫描技术探测原理如图3-5所示。

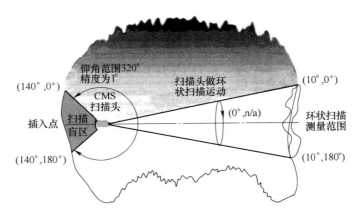

图 3-5　3D 激光扫描技术探测原理图

3D 激光探测法不但探测精确，而且易于操作，不受外界环境影响，探测深度也不受影响。另外，3D 激光探测法能快速而准确地探测出采空区的三维形态及采空区空间位置，探测结果可视化程度高，后处理系统功能强大，具有良好的应用效果。

利用 3D 激光扫描仪获取的点云数据构建实体三维几何模型时，不同的应用对象、不同点云数据的特性，3D 激光扫描数据处理的过程和方法也不尽相同。概括地讲，整个数据处理过程包括数据采集、数据预处理、几何模型重建和模型可视化。数据处理流程如图 3-6 所示。

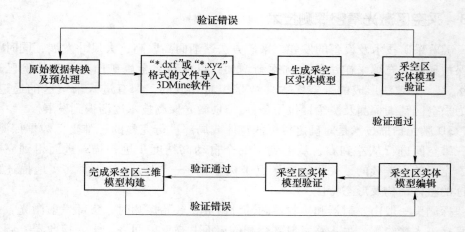

图 3-6 采空区 3D 激光扫描探测数据处理流程

另外，还可以进行二次开发，与其他的矿山三维建模软件进行数据耦合，从而达到体积计算、品味计算以及爆破设计等衍生功能，还可以与数值模拟软件相结合，进行稳定性分析。

3.4 采空区探测工程实例

3.4.1 崩落法隐覆采空区的工程物理探测

程潮铁矿是武汉钢铁集团公司铁矿石和球团矿的重要生产基地，该矿自 1958 年建矿以来，一直采用无底柱分段崩落法开采。由于矿体赋存的工程地质、水文地质和地表地形条件复杂，地表出现了较大范围的移动破坏，已发生了多次地表塌陷。在 2006 年 4 月 17 日，该矿西区发生了第一次地面塌陷，在地面沉降变形区的中心部位（37 ~ 39 线之间），形成了面积约 4140m² 的塌陷坑；随后在 4 月 18 日，在该沉降变形区域东侧的杨家境，再次发生了地面塌陷；塌陷面积约 150m²。地表移动与塌陷已开始影响矿山的正常生产，因此急需对隐蔽空区进行定位与探测。

鉴于此，北京科技大学于 2013 年采用 AGI 高密度电法探测技术，对程潮铁矿西区上覆岩层内的隐覆空区进行了探测。

3.4.1.1 探测设备及方案设计

AGI 高密度电阻率成像系统如图 3-7 所示。该系统的探测工作大致可以分为三个独立的步骤：

（1）根据探测的范围设计探测方式。

（2）现场布线设点以及探测。

图 3 - 7　AGI 高密度电阻率成像系统实物及现场测试图

（3）数据处理及反演计算。

具体探测流程如下：

（1）设计探测点数、范围、方式，根据探测工程图去判断探测方式的可行性，同时调节相应的参数，调节探测的范围和方式。

（2）完成探测方式的设计后，保存该文件，同时利用 PC 机把该文件传输给 AGI，以便根据该设计方案进行实地探测。

（3）根据设计范围布点，首先用米尺测量出实地范围，按照设计的间隔置入钢钎，然后将探测电极夹在钢钎上，将电极逐个串联在一条剖线上。为了减少接地电阻对探测结果精度的影响，必要时对钢钎位置浇注少量的水，以保证接地电阻较小。

（4）将主机连接在探测剖线的电极上，然后开机选择设计好的命令方式进行探测。

（5）探测结束后将数据导出，可采用专业电阻率成像分析软件进行反演分析。本次探测数据拟采用美国 AGI 公司的 Ether Imager 2D 软件进行反演分析。

对于高密度电法探测，布线位置的选择很重要，线路布设是否合理直接影响探测结果的好坏。本套设备共包括电极 84 个，总电缆长 960m，探测过程中必须综合考虑电缆、电极的可布设性和探测剖面的合理性。需要重点考虑的因素具体包括以下几个方面：

（1）地表地形因素。程潮铁矿矿体位于沟谷底部，周围为低矮山体和回填碎石。高差较大地区需要对地表高程进行修正，从而得到采空区实际埋藏深度。

（2）矿岩特性。采用本套设备对实体岩和土体的导电性探测效果良好，但西区地表存在大面积回填体，回填体导电性低，不利于电信号向下部地层的传输，从而影响探测精度，特别是回填体坡度较陡，无法在坡上方布线，所以测线布置要绕开回填散体。

（3）气候植被因素。矿区地处东南地区，潮湿多雨，地表植被较多，给线路的布置带一定难度，需要对植被密集区进行处理。

综合现场踏勘、地表沉降资料、矿体与地表投影等多方资料确定测线布置如图 3-8 所示。本次探测共使用 60 个电极，电极距 12m，地表测线长度共 720m，有效探测深度在 100~140m 之间。以西区各水平采空区叠加中心区域为探测中心，平行矿体走向布置测线三条，分别为 Ⅰ线、Ⅱ线、Ⅲ线。垂直矿体布置测线一条（Ⅳ线），采集器置于测线 Ⅰ-2、Ⅱ-2、Ⅲ-2、Ⅳ-2 位置，关键点坐标见表 3-2。

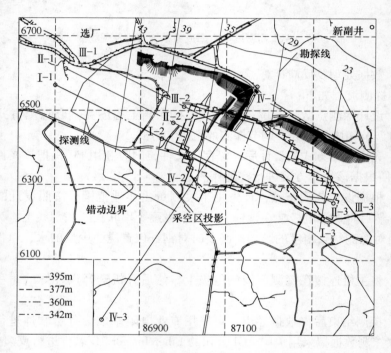

图 3-8　测线布置图

表 3-2　各测线控制点坐标

分　点	1	2	3
Ⅰ线	(6701.39, 6568.33)	(6950.98, 6424.63)	(7325.36, 6209.07)
Ⅱ线	(6726.34, 6611.66)	(6975.93, 6467.96)	(7350.31, 6252.4)
Ⅲ线	(6792.89, 6631.04)	(7000.88, 6511.29)	(7416.86, 6271.79)
Ⅳ线	(7172.01, 6564.02)	(7028.31, 6314.43)	(6812.75, 5940.03)

野外探测操作流程包括：

（1）关键点定位。完成方案设计后，由地测科组织人员确定关键点位及测线方位。

（2）线路布设。连接探测电缆及固定探测电极。

（3）线路连通测试。连接采集器测试线路连通性和电极的接地情况。

（4）排除线路故障。查找线路端点和电极脱落及松动位置。

（5）数据测试。采用的测试方法为 schlumb 探测方法。

（6）数据分析。根据测线位置，在地形图中截取测试剖面地形线，编制地形校正数据；导入测试数据，进行地层电阻率反演，根据结果的误差率逐步剔除异常数据，使误差率降低到5%左右。

3.4.1.2 探测结果反演

采用最小二乘法反演法进行探测结果的反演，首先假设反演的视电阻率模型是由许多电阻率值为常数的矩形块组成，通过迭代非线性最优化方法确定每一小块的电阻率值，这里利用了平滑限定条件下的最小二乘法，故所求出的电阻率值与实际探测的视电阻率值将非常接近。平滑限定的最小二乘方法方程可表示为：

$$(J^T J + \lambda C^T C)\overline{P} = J\,\overline{g}$$

式中 J——雅可比偏微分矩阵；

λ——阻尼因子；

$\overline{g}$——探测视电阻率与计算视电阻率的对数差的偏差矢量；

$\overline{P}$——模型参数的改正矢量；

C——二维平滑滤波因子。

另外，在计算改正矢量 $\overline{P}$ 过程中，所有电阻率值均为对数值。

通常采用的是高斯－牛顿法，它的突出优点是收敛快。但是，运用牛顿法需要计算二阶偏导数，而且目标函数的海赛（Hessian）矩阵可能非正定。为了克服牛顿法的缺点，提出了拟牛顿法。它的基本思想是用不包含二阶导数的矩阵近似牛顿法中的海赛矩阵的逆矩阵。

高斯－牛顿法的另一缺点就是每次迭代时，雅可比矩阵必须重新计算。拟牛顿法通过用校正法从而避免了雅可比矩阵的再计算。假设第一次迭代中初始模型的雅可比矩阵 J_0 是可以利用的，则后继迭代的雅可比矩阵可用校正公式计算得到。

岩层的导电性除了受岩性、岩石完整性影响外，含水量是另一主要因素。矿区位于鄂东南地区，潮湿多雨，且周围小选厂将西区矿体正上方洼地作为排废场所，形成泥塘，以上因素导致了岩层含水量较高，导电性好。测试过程中很难按照严格的电阻率区分空区和散体覆盖层。另外由于受周边车辆行驶和地表塌陷等因素影响，现场布线极限长度在700m左右，致使探测深度在地表下100~150m之间，这给采空区和覆盖层的识别带来了一定限制。

Ⅰ线以开采矿体为中心，与矿体平行布置，左侧为矿体西端，开采矿体边界起始位置大概位于横坐标 288 ~ 590m 之间，距离矿体水平叠加投影中心线 50m，偏上盘位置。图 3 - 9 为 Ⅰ 线探测结果反演图。

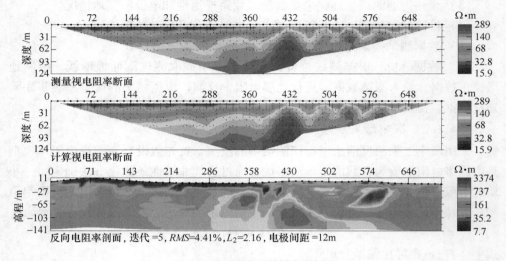

图 3 - 9   Ⅰ 线探测结果反演图

Ⅱ 线与 Ⅰ 线平行，位于矿体水平叠加投影中心，与矿体平行布置，左侧为矿体西端，开采矿体边界起始位置大概位于横坐标 288 ~ 590m 之间。图 3 - 10 为 Ⅱ 线探测结果反演图。

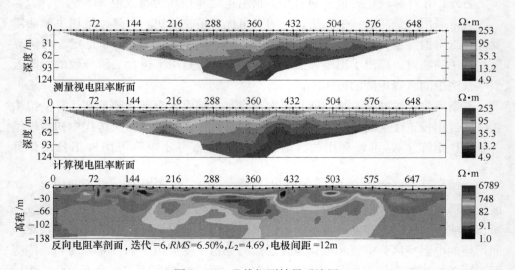

图 3 - 10   Ⅱ 线探测结果反演图

Ⅲ 线与前两条测线平行，长度同样为 720m，但受周边道路的影响，向东区移动 48m。该测线位于矿体上方偏下盘 50m 位置，开采矿体中心范围在 240 ~ 550m 之间。图 3 – 11 为Ⅲ线探测结果反演图。

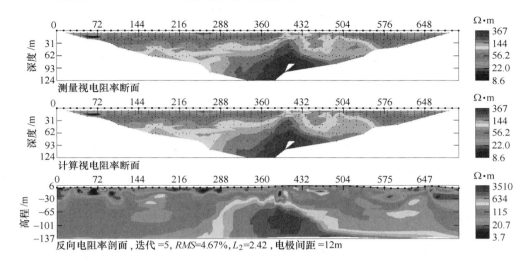

图 3 – 11　Ⅲ线探测结果反演图

Ⅳ线与前三条测线垂直，长度同样为 720m，开采矿体中心位于测线 100 ~ 288m 之间。图 3 – 12 为Ⅳ线探测结果反演图。

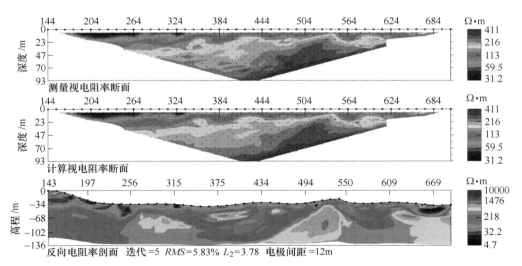

图 3 – 12　Ⅳ线探测结果反演图

3.4.1.3　探测结果分析

岩石导电性一般分为两种。一种是离子导电，主要是含有离子导体（电解液）和有孔隙（裂隙）水极化效应的岩石。电阻率的大小取决于岩石孔隙中所含液体的性质。这种导电性的岩石主要包括含水的孔隙性沉积岩、裂隙发育的岩浆岩及变质岩。另一种是电子导电，这类岩石致密或孔隙（裂隙）不含水，电阻率主要由所含导电矿物的性质和含量决定。此次探测范围内岩石导电性主要为离子导电。

探测范围内主要分布有岩浆活动形成的闪长岩、花岗岩，热液变质作用形成的大理岩、角岩以及表土层。天然状态下，岩浆岩和变质岩均是结晶岩石，内部结构致密，组成成分多为高电阻率矿物，导电性主要取决于岩石的含水量。矿区经历过多次构造运动，节理极为复杂，概括起来具有节理发育方向多、节理密度大、节理性质以剪节理为主和节理发育程度受岩性控制明显等特征。花岗岩体节理发育，呈现组数多、密度大、延伸远的特点，并有碳酸盐、绿泥石、铁质物充填。闪长岩体节理方位零乱，形态不规则，延伸亦较短。角岩节理平滑，常有碳酸盐、石膏、绿泥石充填。探测范围内，角岩分布于近地表，风化严重，地表水浸入导致其裂隙含水率很高。大理岩是裂隙、溶洞强含水带的主要组成部分，含大量裂隙水。虽然纯净的水是绝缘体，但是在自然环境下，水中溶解有大量矿物质，其电阻率一般在 $100\Omega \cdot m$ 以下。表土层导电性主要取决于黏土与孔隙水，在潮湿环境下电阻率很低，受降雨、泥塘等因素影响很大。常见岩石的电阻率变化范围如图 3 – 13 所示。

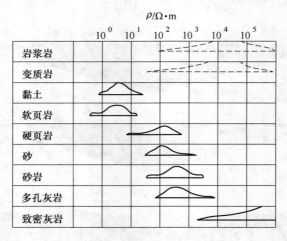

图 3 – 13　常见岩石电阻率变化范围

综合分析可知，探测范围内表土层理论电阻率最低，相同地压条件下角岩和大理岩理论电阻率低于闪长岩和花岗岩。相比自然赋存状态，裂隙带和冒落带由于大量裂隙产生或冒落形成散体而导致电阻率增高。空气是导电性极差的介质，通常认为不导电，如果覆岩冒落不充分，在冒落带和裂隙带之间形成大范围空区，这部分空区在探测中将会显示为独立的高阻区。

将探测结果跟探测剖面地质图进行对比，可以对探测结果做出比较合理的解释，下面分别对四个剖面的探测结果进行解释。探测剖面上的岩性分布根据程潮铁矿提供的地质剖面图圈定。

图 3 - 14 为 Ⅰ 线探测剖面探测反演结果，图中存在的高阻区主要有三处，左侧高阻区位于泥塘下方，地下 35m 左右，宽度 50m，呈半开放形；中间高阻区位于地下 60m 左右，宽度约为 72m，呈开放形，与左侧高阻区相邻较近；右侧高阻区埋藏较浅，位于探测边界处，其下方电阻率较低，变化均匀。图中左侧和中间高阻区位于西区矿体中心地带，距离较近。测线中部和西侧分布有低阻区，该区域分布于地表，阻值很低。将高阻区与Ⅰ线地质剖面图和地下采空区相对应，如图 3 - 15 所示。

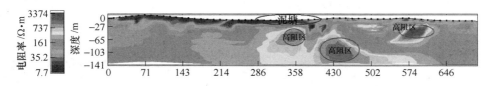

图 3 - 14   Ⅰ 线探测剖面探测反演结果

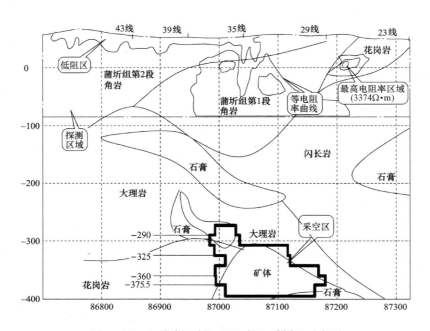

图 3 - 15   Ⅰ 线高（低）阻区与地质剖面对应图

从地质剖面上看，探测范围内主要包括三种岩性：蒲圻组第 2 段角岩、蒲圻组第 1 段角岩、闪长岩和花岗岩。左侧和中间高阻区距离较近，最高电阻率为

1470Ω·m，包络线类似冒落拱，位于采空区正上方，距离采空区的垂直高度与采空区高度之比为 3:1。高阻区分布岩性为角岩，覆盖岩层裂隙增加引起岩层导电性降低的可能性较高。Ⅰ线探测剖面探测最高电阻率为 3374Ω·m，分布位置与花岗岩对应，花岗岩属于岩浆岩，内部结构致密，组成成分多为高电阻率矿物，节理裂隙不发育或者节理裂隙发育而缺少地下水的情况下，电阻率偏高，3374Ω·m 属于其电阻率变化范围。所以，这部分高阻区为花岗岩的可能偏高。

Ⅰ线探测剖面探测之前，探测区降雨，表土层富含水分，导致测线西部表土层较厚部分有较大范围的低阻区，其电阻率在 7.7Ω·m ~ 35.2Ω·m 之间。

图 3-16 为Ⅱ线探测反演结果，与Ⅰ线类似，图中主要包含两个高阻区，左侧高阻区呈封闭形，核心区位于地下 40m 左右，宽度约为 20m，最高电阻率 6785Ω·m；右侧高阻区位于地下 40m 左右，宽度接近 40m，最高电阻率 1240Ω·m。将高阻区与Ⅱ线地质剖面图和地下采空区相对应，如图 3-17 所示。

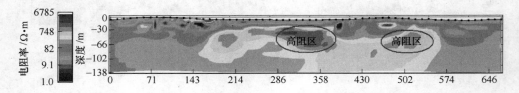

图 3-16 Ⅱ线探测反演结果

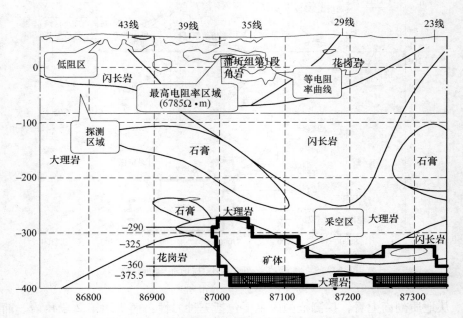

图 3-17 Ⅱ线高（低）阻区与地质剖面对应图

从地质剖面上看，探测范围内主要包括三种岩性：闪长岩、角岩、花岗岩，其中花岗岩电阻率较大。右侧高阻区位于花岗岩分布区域，其上下区域电阻较小，无明显阻值波动，可以合理推定为花岗岩分布引起。左侧高阻区分布于角岩位置，角岩虽为热液变质作用形成，但是其分布于地表较近区域，风化严重，内部多裂隙，加之探测区域分布有泥塘等，裂隙水补给充分，属于高电阻区域。探测结果显示其电阻率远高于花岗岩分布区域电阻率，核心区电阻递增梯度明显（小范围内由 $1240\Omega \cdot m$ 递增至 $6785\Omega \cdot m$）。除高阻核心区外高阻区呈现比较明显的上部阻值较高，随深度增加阻值逐步减小的规律，这与覆盖层随深度增加逐步被压实的上下分布规律很相似。左侧高阻区顶部距离采空区的垂直高度与采空区高度之比为 3.6∶1，可以初步推测左侧高阻区可能由覆盖岩层的冒落引起，高阻核心区（宽度约20m，高度约6m）可能为隐蔽空区。

图3-18为Ⅲ线探测反演结果，图中高阻区呈连续分布，核心区位于地下60m左右，宽度达60m，空区左侧边界靠近矿体西端，外形较陡，空区左侧沿矿体呈倾斜分布，对比已开采矿体叠加图可看出，随着采空区的东延，高阻区向东侧扩大，埋深逐渐增大。

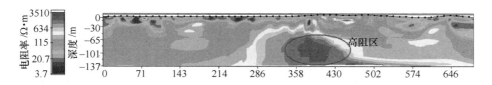

图3-18 Ⅲ线探测反演结果

Ⅲ线探测结果跟Ⅲ线地质剖面对比，如图3-19所示。探测范围内主要包括大理岩、闪长岩、蒲圻组第1段角岩、花岗岩等。虽然根据探测反演结果图可以看出高阻区的阻值变化规律性较强，高阻区的分布与采空区密切相关，但是高阻核心区域为花岗岩分布区域，最高电阻率 $3510\Omega \cdot m$，跟Ⅰ线探测剖面探测花岗岩对应电阻率相近（Ⅰ线花岗岩分布区域电阻率为 $3374\Omega \cdot m$）。可以推定，核心高阻区为花岗岩分布引起的可能性较大。等电阻率曲线的拱形分布规律可能为覆盖岩层移动，岩石内部节理裂隙发育，且埋藏较深，地表水不能充分渗入而导致电阻率增加。低阻区的产生跟Ⅰ线类似，主要由泥塘和富含水分的表土层所致。

Ⅳ线与前三条测线垂直，图3-20为Ⅳ线探测反演结果。图中左侧存在一个面积较大高阻区，该位置位于矿体下盘，为坡形地貌，区域含水量相对较低，或为导电性较差岩体。探测结果跟Ⅳ线地质剖面对比，如图3-21所示。探测区范围内主要包括花岗岩、蒲圻组第1段角岩、闪长岩。右侧高阻区呈封闭状分布，最高电阻率 $3600\Omega \cdot m$，周围均为阻值变化均匀的低阻区，分布范围跟花岗岩分

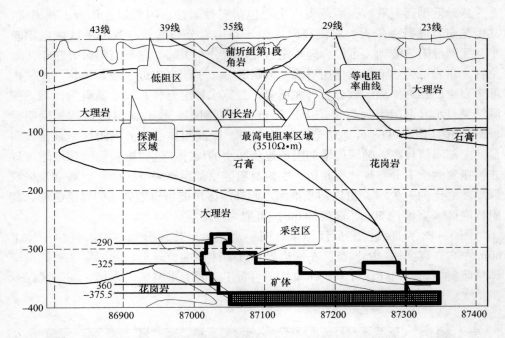

图 3 - 19　Ⅲ线高（低）阻区与地质剖面对应图

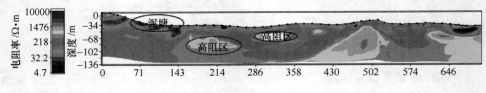

图 3 - 20　Ⅳ线探测反演结果

布范围一致，可合理推定由花岗岩引起。左侧高阻区呈开放式分布，阻值分布与岩性分布相关性低，包络线跟冒落拱相似，核心区域电阻率达到 $10000\Omega \cdot m$，距离地表约 70m，跨度 11m，高度 9m。该高阻区位于采空区上方，高阻区上边缘至采空区的垂直距离与采空区高度之比为 4 : 1。核心区为隐蔽空区的可能性较大。低阻区主要由泥塘引起。

3.4.2　采空区三维激光精细探测及分析

3.4.2.1　石人沟铁矿采空区 CMS 三维激光扫描及分析

A　矿山采空区分布情况概述

根据矿山矿房划分情况，目前 -60m 水平中段有八个块段：（1）F18 断层以南；（2）F18—F19 断层间；（3）南采区北端；（4）南分支；（5）北分支；（6）斜

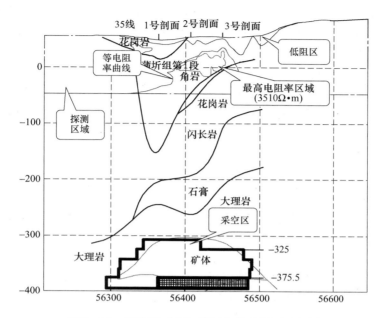

图 3 - 21 Ⅳ线高（低）阻区与地质剖面对应图

井采区；（7）措施井；（8）-16m 水平。截至采空区调查时，各主要块段矿房情况依次详细描述如下：

（1）F18 断层以南。本矿段共有 19 个矿房，目前 1～3 号矿房采空区出现塌方，进路堵死，无法进行探测；4 号矿房完成开采，形成的采空区可以进行探测；5、6、14～19 号矿房目前还没有做采准工程；7～9 号矿房进行了简单的开采，形成了高度为 10m 的采空区，后期是否进行开采暂时未作决定，故暂不进行探测；10、12、13 号矿房采空区已完成探测。

（2）F18—F19 断层间。本矿段共有 10 个矿房，1 号和 2 号与 3 号矿房贯通，可以进行探测；4 号矿房和 3 号矿房也已经连通可以进行探测；5 号、6 号矿房已经完成开采可以进行探测；7、9、10 号矿房目前没有布置工程；8 号矿房正在进行回采。

（3）南采区北端。本矿段设计有 24 个矿房，目前已经有 6 个矿房采空区完成了探测，分别为 1、3、8、10、17、19 号矿房采空区；实际的 20～22 号三个矿房不存在，2、4、5、7、9、11、13、18 号矿房采空区可以进行探测；6、16、14、24 号矿房目前尚未进行开采；23 号矿房正在回采；15 号矿房采空区内有大量的矿石需要运出。

（4）南分支。南分支共计 6 个矿房，其中只有 1 号矿房内有大量渣石，所需工程量大，2 号矿房可以进行探测，其余矿房已经发生大面积坍塌，进路堵死，若进行探测必须将碎石运出，工程量巨大，且存在很大的安全隐患。目前南分支矿段有三个透点，内部有大量的水，为保证安全，矿山已经对该矿段进行了封堵。

（5）北分支。本矿段布置了 20 个矿房，已经对 5 个采空区进行了探测，分别为 2、3、6、8、9 号矿房采空区；1 号矿房采空区顶板垮塌严重，人员已不能进入；4、5、7、10、15、16、20 号矿房采空区可以进行探测；11 号矿房采空区内部有岩石塌落，应进行清理；12、17、18、19 号矿房进路堵死，需要进行清理人员和设备才可以进入；13 号矿房暂未进行开采；14 号矿房正在回采。

（6）斜井采区。本矿段共有 42 个矿房，目前已经对 8 个矿房进行了回采，包括 1、2、3、4、7、24、39、40 号矿房；8～10 号、12～14 号、42 号矿房正在进行残采工作，可以进入探测；15～21、27、32、37、38 号矿房暂未进行开采；41 号矿房正在进行采切工程；11、23、25、26、34 号矿房正在进行回采；14、28 号矿房正在进行出矿；5、6 号矿房采空区进路被碎石堵死，需要清理才能进入；22 号矿房作为阶段矿房法的中深孔爆破的试验矿块；29、30、33 号矿房已经停掉。

（7）措施井。本矿段图纸中有 14 个矿房，而实际没有 9、10 号矿房，实际上只存在 12 个矿房，其中 12、13 号矿房采空区连通成一个，除了 1 号矿房之外已经对其余采空区都进行了探测，1 号采空区可测。

由上述统计可知：

（1）已经进行探测并进行处理的采空区共计 35 个，这部分矿房已经进行处理并建立了三维模型。

（2）正在出矿的矿房是指回采已经结束，正处于大规模出矿阶段的矿房，这类矿房虽在一定意义上有采空区，但由于出矿量不明，不知道采空区到达了什么水平，难以找到入口，而且探测此类采空区必须从天井进入，天井有人行梯子，却没有梯子平台，由于受爆破震动影响，上面经常掉落石块，对人员设备安全有很大的威胁。随着出矿工作的进行，此类采空区情况不断变化，是一个动态的状况。因此此类 4 个矿房目前不具备探测条件和价值，出矿完全结束，最终采空区形成后再进行探测。

（3）未形成采空区是指目前矿房正在进行采切、回采或者暂未进行工程布置，这部分矿房没有形成大规模的采空区，目前没有必要进行探测。

（4）正在残采是指矿房回采已经结束且出矿完毕，对矿房内的矿柱进行残采，这部分矿房的采空区形态会随着残采的进行而变化，因此此类 8 个矿房在残采完毕后再进行探测。

（5）统计中未进行设置是指由于地质变化对原设计矿房的位置并没有进行

布置。

B 探测设备简介

CMS 是加拿大 Optech 研制的特殊三维激光扫描仪，其功能是采集空间数据信息（三维坐标 X、Y、Z），对于人员无法进入的溶洞、矿山采空区等，可用此设备扫描探测空区内部数据，为矿山采掘规划、生产安全提供决策所需数据，既能辅助消减安全隐患，也可辅助减少矿体浪费。CMS 是 Cavity Monitoring System 的简称，直译为洞穴监测系统，也可理解为是 Control Measure System 的缩写，意即控制测量系统。CMS 系统由激光测距仪、角度传感器、精密电动机、计算模块、附属组件等构成。

CMS 系统包括硬件和软件两个部分，硬件的基本配置包括激光扫描头、坚固轻便的碳素支撑杆、手持控制器和带有内藏式数据记录器与 CPU 和电池的控制箱，如图 3 – 22 所示。软件系统主要包括 CMS 控制器自带的数据处理程序和 QVOL 软件，通过系统自带的软件可以对探测到的数据进行初步处理和成像，如图 3 – 23 所示。

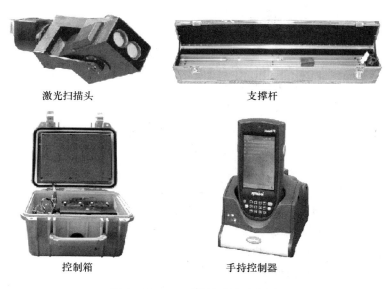

激光扫描头　　　　　　　　　　　支撑杆

控制箱　　　　　　　　　　　手持控制器

图 3 – 22　CMS 硬件系统示意图

QVOL 软件具有友好的界面和简单的操作，能够实现空区的可视化，并对空区实施剖面分析，计算空区的体积和断面面积，为后面的空区处理打下基础。系统测得的数据格式为 txt 文本，通过系统自带的数据转换程序可以将数据文件转换为 dxf 和 xyz 文件，导入到 3DMine 或者 SURPAC 等三维建模软件中进行更为直观的可视化处理。

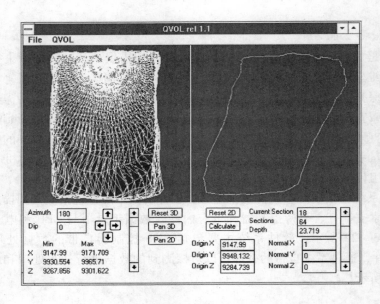

图3-23 QVOL软件操作界面

C 探测原理

CMS内置激光测距仪、精密电动机、角度传感器、补偿系统、CPU等模块，仪器在开始工作之前，会依据补偿器自动设定初始位置，根据电动机步进角度值和激光测距值，确定出目标点位置信息。系统自动默认仪器中心位置坐标为（0，0，0），依据式（3-1）：

$$\begin{cases} X = SD \cdot \cos\alpha \\ Y = SD \cdot \sin\alpha \\ Z = SD \cdot \tan\beta \end{cases} \qquad (3-1)$$

式中 β——CMS纵向电动机步进角度值；

   SD——激光所测距离；

   α——CMS水平电动机步进角度值；

X，Y，Z——未经转换的目标点三维坐标。

计算出目标点位信息，再根据起算数据平移、旋转，把目标点位置数据换算至用户坐标系统，如式（3-2）所示：

$$\begin{cases} X_n = X_0 \cdot \cos\theta \\ Y_n = Y_0 \cdot \sin\theta \\ Z_n = Z_0 + Z \end{cases} \qquad (3-2)$$

式中 X_0，Y_0，Z_0——CMS中心点在用户坐标系中的位置数据；

   θ——CMS初始化后初始方位与用户坐标系中北方位夹角；

X_n，Y_n，Z_n——转换为用户坐标系后的空区内各点坐标。

CMS 在进行探测时，激光扫描头伸入空区后做 360°的旋转并连续收集距离和角度数据。每完成一次 360°的扫描后，扫描头将自动地按照操作人员事先设定的角度抬高其仰角进行新一轮的扫描，收集更大旋转环上的点的数据。如此反复，直至完成全部的探测。CMS 系统探测原理如图 3 - 24 所示。

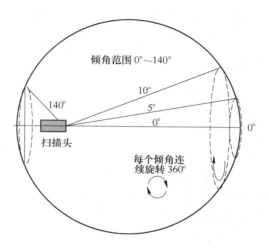

图 3 - 24　CMS 系统探测原理

D　CMS 使用步骤

为了适应不同工程项目需要，CMS 架设计灵活，洞口只需 30cm 孔径，即可把 CMS 探入进去，扫测洞内情况。如果通视条件好，人员没有安全隐患，可用三脚架扫测周边数据。如果要扫测下部的空区，可用垂直插入包的组件，把 CMS 下垂至空区，扫测到空区内部点位数据。如果是要扫测周边空区，可以用水平支撑杆和竖直支撑杆使人员在安全区域操作，把 CMS 探入空区，即可扫测到空区内部点位数据。

E　CMS 数据处理

CMS 探测得到的数据格式为 txt 格式，需要经过处理才能进行下一步的工作，下面简单介绍一下数据的后处理。

（1）数据导入到电脑。

（2）探测数据后处理。双击桌面 CMS PosProcess，在弹出的主界面中，点击"打开文件"，选入需要进行数据转换的文件。可以将数据文件转换为 dxf 和 xyz 文件。

（3）输入测记好的仪器中心点和激光点（或杆上的点位）坐标数据、前视点到激光中心距离等参数，点击"转换为 DXF"和"转换为 XYZ"，则软件会将原始数据转换为用户需要的数据格式。

（4）把点云数据导入 3DMine、SURPAC 等软件中，作进一步处理分析、量算、建模等。

目前石人沟铁矿 -60m 水平是主生产水平，采空区也主要分布在这一水平。根据前期的初步调查和通过咨询现场技术人员所得的信息，确定初次探测区域为措施井、南采区北端、北分支和 F18 断层以南，共探测了 35 个采空区。

CMS 探测仪所探测的点的坐标是相对坐标，是相对扫描头中心点的坐标。为精确获得采空区各个测点坐标，就必须先要准确求出扫描头中心点的坐标。系统可以通过扫描头支撑杆上的两个测点的坐标自动求出扫描头中心点的坐标值，并且规定距离扫描头相对较近的测点为测点 1，较远的测点为测点 2。测点 1 和测点 2 的坐标用全站仪测定。

将所测的数据填入到 PosProcess 转换窗口中的"前视点"（测点 1）和"后视点"（测点 2）数据输入框，并将前视点与激光中心的距离输入到"前视点与激光中心距离"的输入框中，软件会根据数据自动计算激光中心的坐标和其他参数。

设置输出文件格式为"mesh"，选定"DXF Convert"或"XYZ Convert"，将形成能够被 3DMine 处理的"∗.dxf"和"∗.xyz"格式的文件。其中"∗.dxf"是以线框网格形式记录采空区边界，"∗.xyz"记录的是采空区周围边界点的真实坐标。

F 采空区实体模型的构建

采用矿山三维建模软件 3DMine 进行采空区模型的构建。将数据预处理得到的 dxf 或 xyz 文件直接导入到 3DMine 软件中，经过实体编辑和验证就可以生成最终的实体模型，构建流程如图 3 - 25 所示。

经过处理后的各个采空区的实体模型，通过三维实体模型可以直观地得到采空区的空间位置关系，包括采空区的空间形态、边界情况、顶板开采情况以及相邻采空区之间的空间关系，进而

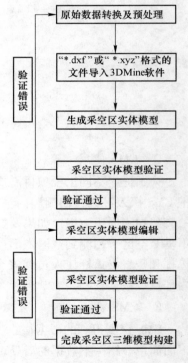

图 3 - 25 3DMine 采空区实体模型构建流程

得到矿柱的边界。篇幅所限，每个采空区的实体模型不一一列举，仅取其中有代表性的几个采空区进行说明。

如图 3 - 26 所示，为措施井 11 号采空区各个视角的投影图。通过图 3 - 26

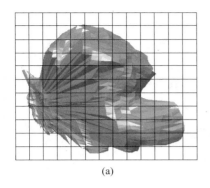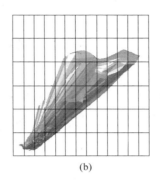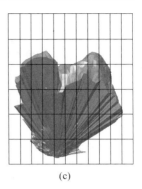

(a)   (b)   (c)

图 3-26 11 号采空区三视图

(a) 俯视图；(b) 侧视图；(c) 后视图

（a）俯视图可以得到采空区开采的水平界限；由图 3-26（b）侧视图可知，11号采空区倾角为 45°~70°，与矿体走向大体一致，底部开采宽度为 7m 左右，顶板开采的最大宽度达到了 31m，存在一定的安全风险；由图 3-26（c）后视图可知，11 号采空区底部的开采跨度为 16m 左右，而顶板开采跨度达到了 38m，顶板的平均宽度达到了 14m，顶板暴露面积达到了 $532m^2$。从图中还可以看出采空区的开采高度，11 号采空区最大开采高度达到了 41m，基本达到了设计要求，采空区顶板的最高点处于采空区东侧靠近边缘位置。另外，根据得到的采空区实体模型还可以对采空区模型进行进一步的处理，得到等值线，得到采空区实体模型的任意位置的剖面图，方便进一步处理。

图 3-27 为北分支 2 号采空区和 4 号采空区三维实体模型，可以看出两个采空区之间的空间关系。两个采空区之间的部分即为矿柱，将两个采空区与矿脉进行布尔运算，就可以得到矿柱的具体形态和边界，如图 3-28 所示。图 3-29 中白线即为矿柱的实际边界。

图 3-27 北分支 2 号采空区和 4 号采空区三维实体模型

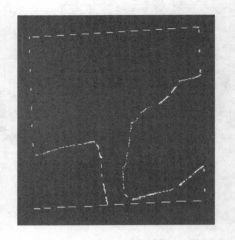

图 3 - 28　采空区与矿体耦合图　　　　　图 3 - 29　矿柱边界线

　　将采空区的模型和矿区的开拓系统、矿体以及露天境界进行复合又可以得到它们空间关系，方便进一步处理。图 3 - 30 和图 3 - 31 所示为采空区与开拓系统的复合图，图中显示了每个采空区与开拓系统的空间位置关系。从图中可以较清楚地看出每个采空区与 0m 巷道和 - 60m 巷道的空间位置关系，可以为以后的采空区充填提供方便。图 3 - 32 所示为措施井采空区与对应地表的复合图，从图中可以清楚地看出，采空区与地表之间的空间位置关系，有的采空区距离措施井露天边坡比较近，对边坡的稳定性有一定影响。

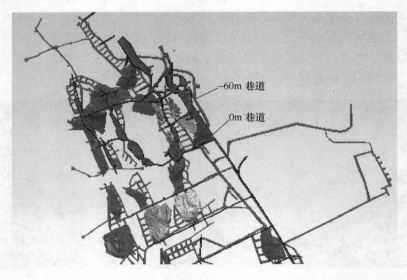

图 3 - 30　措施井采空区与开拓系统复合图

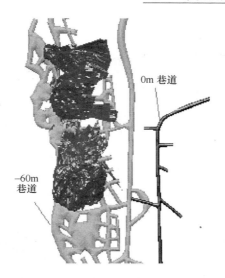

图 3 - 31 北分支采空区与开拓系统复合图

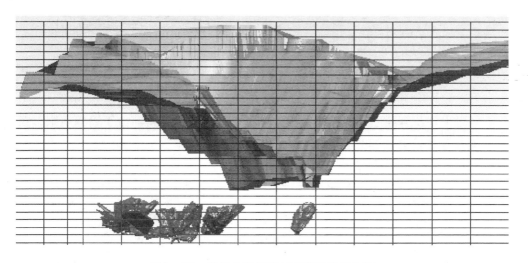

图 3 - 32 措施井采空区与对应地表复合图

图 3 - 33 所示为采空区的三维实体模型与开拓系统及地表的复合图,图中各个部分的宏观空间关系都能清楚地得到,这也是后面对采空区进行稳定性分析的基础。

G 探测采空区的体积计算

进行采空区体积的计算,首先要建立采空区块体模型,所建立的实体模型需要通过实体验证,作为块体的约束条件,再在此基础上建立块体模型。块体模型的建立过程如图 3 - 34 所示。

图 3 - 33　采空区三维实体模型与开拓系统（0m 巷道和 - 60m 巷道）及地表复合图

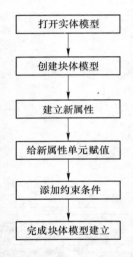

图 3 - 34　块体模型的建立流程

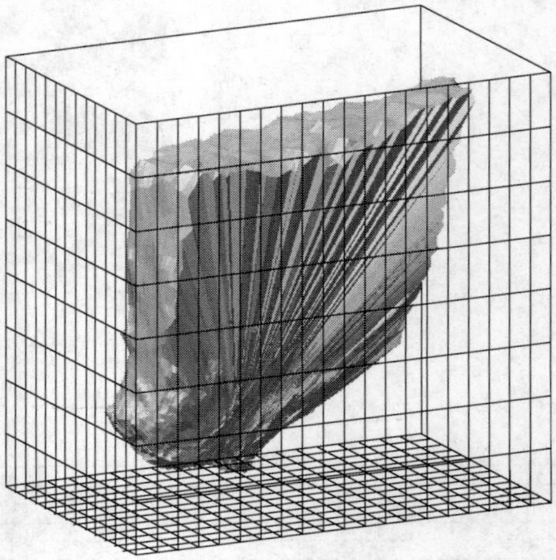

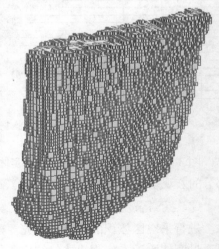

图 3 - 35　5 号采空区三维实体模型

经过上述步骤建立起块体模型后，就可以进行体积计算。由于篇幅所限，仅以措施井 5 号采空区为例进行说明。

图 3 - 35 所示为 5 号采空区的三维实体模型，从图中可以得到采空区的一些基本信息。由图可知，5 号采空区比较整齐。利用 3DMine 软件的"块体—创建块体"，选择合适的块体大小，然后添加约束条件，就得到 5 号采空区的块体模型，如图 3 - 36 所示。

得到块体模型后，利用"块体"菜单下的块体报告就能得到该采空区的体积。同理，可以计算其他采空区的体积。对上述已测采空区的体积进行统计分析，得到不同大小体积所占的比例，如图 3 - 37 所示。

图 3 - 36　5 号采空区的块体模型

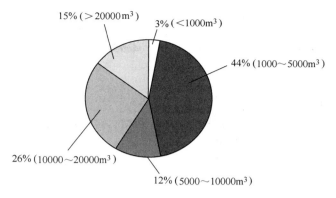

图 3－37　已测采空区体积分布图

已测的采空区总体积达到了 285400m³，其中有 53% 的采空区体积大于 5000m³，危险性较高。

3.4.2.2　果洛龙洼金矿采空区 CMS 三维激光探测及分析

青海山金矿业有限公司于 2010 年 3 月开始进行建设，于 2012 年完成基建工程，转入正式生产，进行采矿活动。其中，果洛龙洼矿区为主要生产矿区，平均开采高程达 3800m 以上。采用中深孔落矿嗣后废石充填，由于其矿脉狭窄，因此采场往往达几十米长，充填前形成了较大规模的采空区。

3840m 水平至 3854m 水平形成了长约 80m 左右的采空区，在回填前为获取试验采区采出矿量等准确信息，利用 CMS 设备对已形成的采空区进行了实地探测，由于采空区属于狭长形，宽度较小而长度较大，并且不完全是直线，存在岩石遮挡，因此不能一次将采空区探测完成。根据采空区出入口分布特点，选择了 3 个入口，进行了 4 次探测，探测采空区平面图如图 3－38 所示。

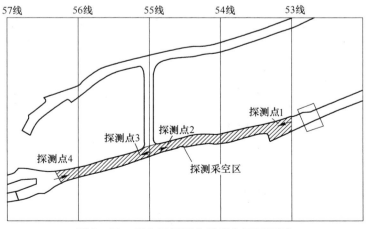

图 3－38　采空区探测点及采空区平面图

进行探测前，首先要在地面对系统进行调试和校正。进入地下探测时，设备一定要安装牢固，避免在探测过程中，支架出现偏移。仪器安装处应保持干燥，避免水分进入仪器内部。

A 探测结果

根据现场情况，实际探测采空区区域分布在 53～57 线之间，长约 76m。对探测数据进行处理，导入 SURPAC 软件进行建模，并与矿体及区域内巷道进行耦合，处理之后的采空区三维图如图 3－39 所示。

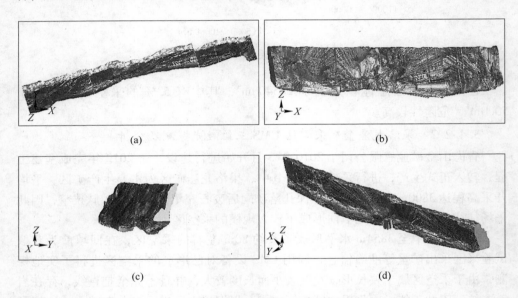

(a) (b)

(c) (d)

图 3－39 采空区不同视角视图

(a) 采空区俯视图；(b) 采空区正视图；(c) 采空区侧视图；(d) 采空区 45°视图

图 3－39 所示的采空区视图包含了上下两个水平的巷道，不是直接的开采空区，不能直接用于产量计算及损贫分析，须将上下水平巷道去掉。如图 3－40 所示，为经过处理后采空区的实际形态及与工程的空间位置图。

经过处理后，实测采空区总体积为 2139.7m³，扣除上下分段巷道体积 1478.2m³，得实际采空区体积为 841.5m³。采用 SURPAC 模型计算的矿体体积为 430.8m³。计算得出矿石总量为 2314t，采空区已有部分废石冒落且单独运出排放，总计约 590t，因此，实际采出矿石量 1724t。

B 损贫分析

根据实测采空区与矿体模型进行耦合处理，可以较明显地得到超采和欠采部位，进行损贫分析。采空区与矿体耦合图如图 3－41 所示。

为更加清晰地说明采空区实际边界与矿体边界的关系，截取了部分剖面进行

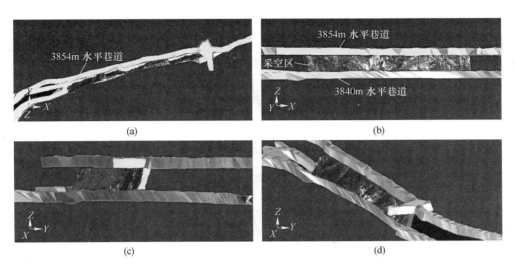

图 3-40 采空区与工程耦合各视角视图

（a）采空区与工程耦合俯视图；（b）采空区与工程耦合正视图；（c）采空区
与工程耦合侧视图；（d）采空区与工程耦合 45° 视图

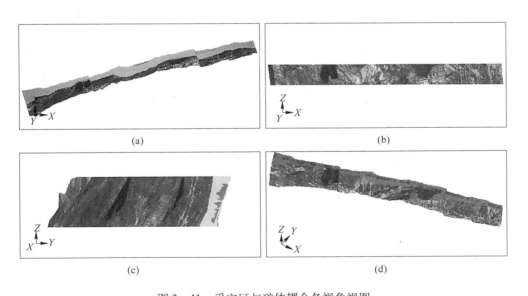

图 3-41 采空区与矿体耦合各视角视图

（a）采空区与矿体耦合俯视图；（b）采空区与矿体耦合正视图；（c）采空区
与矿体耦合侧视图；（d）采空区与矿体耦合 45° 视图

说明，如图 3-42 所示。

所测采空区的采场地质矿石量 Q 为 1184.785t，采场采出地质矿石量 Q_1 为

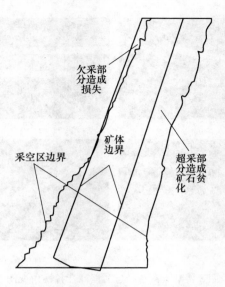

图 3 - 42   采空区与矿体对比

1136. 55t，采空区矿石总量为 2314. 111t，采空区冒落大块废石约 590t，采出矿石总量 T 为 1724. 111t，则有矿石贫化率：

$$\gamma = \frac{R}{Q_1 + R} \times 100\% = \frac{T - Q_1}{T} \times 100\%$$

$$= \frac{1724. 111 - 1136. 55}{1724. 111} \times 100\% = 34. 08\%$$

这一区段地质品位 a 为 4. 13g/t，根据采空区数据得到采出矿石量计算得出矿品位 $a' = 2.72$g/t，实际采出矿石采样出矿品位 a'' 为 2. 89g/t，则有矿石贫化率：

$$\gamma = \left(1 - \frac{a''}{a}\right) \times 100\% = 30. 02\%$$

贫化率用直接法与间接法算出的结果差距，受很多因素影响，比如采出矿石后人工剔除大块废石，矿石采样化验过程中不均匀性所致的误差等。

矿石损失率：

$$\rho = \frac{Q - Q_1}{Q} \times 100\% = \frac{1184. 785 - 1136. 55}{1184. 785} \times 100\% = 4. 07\%$$

矿石回收率：

$$K = \frac{Q_1}{Q} \times 100\% = 1 - \rho = 96. 93\%$$

式中　　T——采出矿石总量，t；

　　　　Q——采场地质矿石量，t；

　　　　Q_1——采场采出地质矿石量；t；

　　　　R——废石混入量，t；

　　　　γ——矿石贫化率，%；

　　　　a——采场地质矿石品位，g/t；

　　　　a''——采场采出矿石品位，g/t；

　　　　ρ——矿石损失率，%；

　　　　K——矿石回收率，%。

3.4.2.3　程潮铁矿采空区 VS150 三维激光扫描及分析

为了给深部回采奠定技术基础，程潮铁矿 2014 年在 -447m 水平选择了一个矿段进行分段空场嗣后充填法试验开采，形成了一个较大的空场。结合程潮铁矿的实际工程地质条件，利用采空区扫描仪对矿山的采空区进行探测，了解其形状、大小和位置，为采空区的充填提供可靠的数据基础，并为矿柱回收奠定基础，从而确保作业工人和设备的安全。

A　探测设备

本次探测使用英国 MDL 公司研制的采空区扫描仪，该设备能够通过延长杆将扫描探头伸入采空区内部，从而快速、安全地探测地下采空区的内部情况。采空区扫描仪主要是由激光探头、控制器（控制单元）和三脚架固定器组成，如图 3-43 所示。

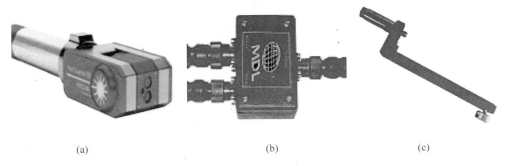

(a)　　　　　　　　　　　　(b)　　　　　　　　　　　　(c)

图 3-43　采空区扫描仪 VS150 主要设备

（a）激光探头；（b）控制器；（c）三脚架固定器

采空区扫描仪在现场的安装十分简单，只需将电脑和线缆连接到地面单元上，再将探头连接到线缆的另一头，采空区扫描仪的安装就完成了。延长杆的作用是确保采空区扫描仪探头能够伸入采空区一定距离。

采空区扫描仪扫描探头结构如图 3-44 所示，该扫描系统具有水平扫描和垂直扫描两种方式，适应于不同环境条件下的采空区扫描。扫描探头进入采空区内部进行扫描，最远探测距离 150m，精度 5cm，最小角度分辨率 0.1°，扫描速度为 250 点/s。

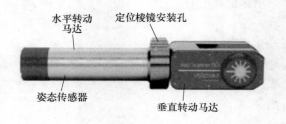

水平转动马达　定位棱镜安装孔

姿态传感器　　垂直转动马达

图 3 - 44　扫描探头结构示意图

B　探测过程

探测点位于矿房下部进路口，如图 3 - 45 所示。

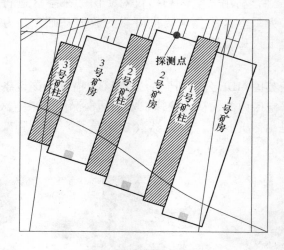

图 3 - 45　探测点位置

其他进路被残存矿石及废石封堵，仪器无法架设，无法进行探测。

在现场取出设备，依次连接探头、延长杆、线缆、电脑等。设备组装简单，架设易操作，如图 3 - 46 所示。将采空区扫描仪探头沿入口放置到合适位置，选择位置时应注意观察周围是否有遮挡及围岩顶板情况，严禁在垮塌处摆放设备。

在现场，需测量探头棱镜点坐标及延长杆中心线坐标，用于确定激光头初始位置及方位角。设备内置姿态传感器，可自动测量倾斜旋转角度。两点坐标输入控制软件后，测得数据即为真实的大地坐标数据，如图 3 - 47 所示。

将采空区扫描仪的探头下放到采空区内部后，即可进行采空区的扫描。扫描方式有水平扫描、垂直扫描、螺旋扫描等，此次探测采用水平方式进行扫描。

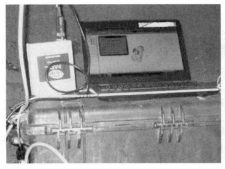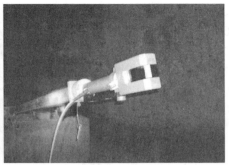

图 3 – 46　现场安装示意图

图 3 – 47　现场定位及定向

C　数据处理

数据采集完成后，主要工作是在内业完成，包括数据评价、数据导出、数据建模、计算方量等。原始的扫描数据格式为 mdl 格式，只能由 VoidScan 软件进行打开，经导出后，可生成多种兼容格式，如 xyz、dxf 等。此次导出为 dxf 格式点云数据，在建模软件中完成建模工作以及计算体积等。建成的模型数据可导出为通用的 dxf 格式。

数据中每一个点都赋有大地坐标属性，不仅可以快速对采空区空间位置进行浏览，也可以测量任意两点之间的距离，继而方便地测量采空区走向长度、垂直高度等信息。

采空区扫描仪可导出多种数据格式，面对众多矿山软件，都可以做到无缝连接，如 Auto CAD、Cass、SURPAC、Dimine、3DMine、Micromine 等矿山软件。本章节采用 SURPAC 进行处理分析。

将探测数据导入 SURPAC 中，进行建模并处理，得到模型三视图如图 3 – 48 所示。由图可知开采结束后，采空区两帮及顶板较规整，与设计边界复合情况较好，没有明显的超挖与欠挖现象。通过 SURPAC 软件可知，探测得到的采空区平均长度为43.481m，距离采空区端部出矿口8m左右处采空区宽度较小，平均为11.65m，随着距离的增加，宽度逐渐变大，最深部采空区宽度达到最大，平均为12.23m。采空区顶板最高点位于距离里侧端部15.36m处，最高点高程为-427.23m，进行充填时要关注该区域，进行针对性接顶处理。

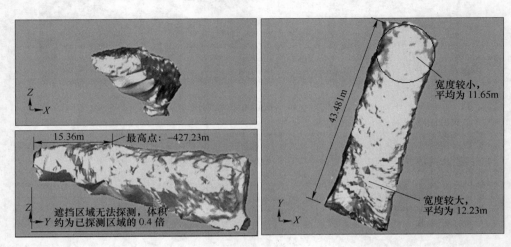

图3-48 采空区三视图

通过软件计算可知，采空区已探测体积为5146m³，由于采空区内存有大量矿石及废石，造成了一定的遮挡，因此底部部分区域无法探测，根据剖面得到的面积比例关系，被遮挡区域大约为探测区域的0.4倍，据此推算被遮挡部分体积为5146m³×0.4=2058.4m³，因此2号采空区总体积为：

$$V = 5146\text{m}^3 + 2058.4\text{m}^3 = 7204.4\text{m}^3$$

选取采空区不同位置进行切剖面处理，分别沿着采空区长度方向取3个剖面，沿宽度方向在中间取1个剖面，如图3-49所示。由图3-50所示各剖面可

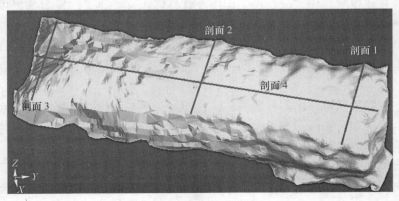

图3-49 采空区剖面位置

知，采空区形状与设计差别较小，开采效果较好，超挖和欠挖不严重，且被遮挡区域随着长度距离的增加，边界逐渐变大。

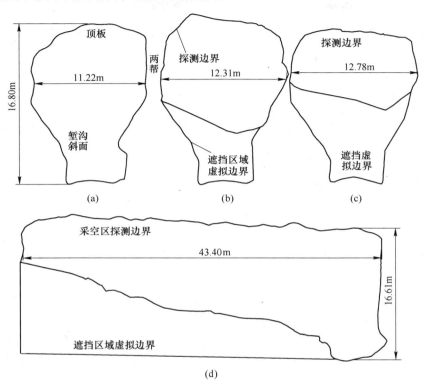

图 3-50 采空区各剖面示意图

（a）剖面1；（b）剖面2；（c）剖面3；（d）剖面4

4　金属矿采空区稳定性分析与处理技术

采空区是由顶板和矿柱组成，并赋存在特殊环境中的"构筑物"，因此采空区的稳定性除与自身结构有关以外，更与其所赋存的环境密切相关。采空区稳定性分析实质上就是分析采空区围岩（包括矿柱和顶板）在特殊环境下的性质及稳固性，进而确定采空区的稳定性。

4.1　采空区稳定性影响因素

采空区的形成从整体上破坏了原始围岩应力场的平衡，使应力出现重分布，出现围岩次生应力场，同时长期受到温度场、渗流场等因素的影响，另外采空区的几何参数及空间位置关系也都会对采空区的稳定性产生影响，因此对采空区稳定性分析的本质，就是分析特定结构的采空区围岩在次生应力场等多场作用下的应力及变形规律。由此来看，影响采空区稳定性的两个"关键因素"是采空区的结构及围岩状态和采空区赋存环境。

具体而言，采空区的结构及围岩状态包括采空区岩体结构类型、岩体质量、采空区形态、采空区跨度、采空区倾角等；采空区赋存环境包括周围开采影响、地下水及地下温度场等。

4.1.1　采空区岩体结构类型

采空区岩体结构的主要类型有：

（1）整体块状结构。岩性均一的巨块状岩浆岩、变质岩和巨厚的沉积岩，构造影响轻微，构造变动小、无断层，无软弱结构面，岩层产状为单斜及平斜褶皱，节理裂隙发育较小，结构面多闭合，粗糙，层间结合力强，抗摩擦力大，无充填物或夹少量碎硝泥质充填物。这类岩体完整性良好，是井下采矿较理想的稳定岩体。

（2）层状结构。岩性单一或互层的中厚层沉积岩和变质岩，构造影响较严重，构造变动较大，层理、片理、原生软弱夹层和小断层均较发育，层间结合力较差，结构面微张或张开，多有碎屑、泥质物充填，有不稳定组合，其稳定性较整块结构岩体差，冒落受软弱结构面所控制，常见的冒落形式有滑移破坏、坍落破坏和弯折破坏。

（3）碎裂结构。岩性复杂的破碎岩层，构造变动强烈，构造影响严重，原生软弱夹层、褶皱断层、层间错动，接触和挤压破碎带、风化带、节理、劈理等均发育，结构面组数多，密度大，彼此交切，是导致岩体大冒落的主要岩体结构类型。

（4）散体结构。此种结构类型包括较大的断层破碎带，大型岩浆岩侵入接触带和强烈风化带，松软的黏土以及未胶结好的松散沉积物，其构造影响很严重，结构变动剧烈，地层强烈挤压变形，断层及结构面组合发育，岩层产状杂乱，断层破碎带、接触破碎带、节理、劈理等均很发育，结构面摩擦系数小于0.25，组合成泥、岩粉、碎硝碎片等不稳定散块状结构体。这是冒落规模最大、最危险的一种岩体结构类型。

综上所述，岩体结构由结构面和结构体两个要素组成，它们是反映岩体工程地质特征的最基本因素，不仅影响岩体的内在特性，而且影响岩体的物理力学性质及其受力变形破坏的全过程。结构面和结构体的特性决定了岩体结构特征，也决定了岩体结构类型。岩体的稳定性主要取决于结构面性质及其空间组合和结构体的性质两个方面，这是影响岩体稳定性的最基本因素。

4.1.2 采空区岩体质量

岩体的完整性、岩石质量和不连续面特性是控制岩体质量的内在因素，这三个因素的综合指标是评价岩体质量的准则。

（1）岩体的完整性。岩体的完整性是指岩体的开裂或破碎程度，它反映了不同成因、不同规模、不同性质的结构面在岩体中存在的不同状态，是岩体工程地质特性差异的根源，也是区别岩体不同结构的重要标志。岩体完整性用完整性系数、岩石质量指标（RQD）及结构面平均间距等指标来表征。

（2）岩石质量。岩石质量优劣对岩体质量的好坏有着明显的影响。在采矿工程中，其工程属性的好坏主要表现在岩体的强度和变形特性两个方面。一般来说，裂隙岩体变形特性和变形量的大小，主要取决于岩体的完整程度，即岩体在受力后变形破坏过程中，结构面及其结构体特性起着固有的重要作用。

（3）不连续面特性。不连续面特性的光滑或粗糙程度、组合状态及其充填物的性质，都直接影响结构面的抗剪特性。结构面越粗糙，其摩擦系数越高，对块体运动的阻抗能力越强；结构面宽度或充填物厚度越大且其组成物质越软弱，则压缩变形量越大，抗滑移的能力越小。节理裂隙的组合状态不同也直接影响岩体的工程地质特性。在地下工程中，顶板的不稳定结构体有刃向上或尖向上的锥体、长轴竖向的锥体和棱体，被陡倾裂面切割的缓倾板体在侧壁主要是倾向壁外的棱体、刃倾向壁外的锲形体。

4.1.3 采空区形态

在采空区形成之后，岩体原有的应力平衡状态遭到破坏，采空区周围出现塑性变形区或松动区，因而对采空区周边围岩产生应力即围岩应力。围岩应力的大小及方向对冒落有明显的影响。在构造应力场中，当采空区轴线受地形影响与构造应力方向垂直时，将对采空区侧壁的稳定性极为不利。而且，采空区形状不同对围岩的稳定性影响也不同，矩形采空区在拱角处常呈高度应力集中，以致拱角出现破坏。主应力方向垂直滑动面时，对抗滑稳定有利。

理论计算和实测结果均表明，围岩的松动范围与采空区跨度成正比。大跨度地下采空区围岩的松动范围远远大于小跨度采空区。一般来说，相同结构类型岩体，大跨度发生冒落的数量要多于小跨度的；就不同结构类型而言，散体结构和碎裂结构岩体冒落要多于层状结构和块状结构岩体。

当开采空间高度和宽度很大时，顶板内 σ_1 的应力降低区很大，σ_2 拉应力也很大。若将开采空间旋转 90°，使之成为窄而高的状态，则两壁没有应力集中现象，在跨度很小的顶板中应力消失或减小。长边方向不同情况的应力集中系数最大值如表 4-1 所示。

表 4-1 应力集中系数与长边方向关系

原岩应力场特点	采空区宽高比				
	1:20	1:5	1:1	5:1	20:1
单向压缩（侧压为 0）	1.02	1.2	1.9	5	5
单向压缩（侧压等于顶压）	0.77	0.96	1.64	2.6	5

4.1.4 采空区跨度

试验表明，当水平开采空间长度 l 不大时（长度小于跨度 a 的两倍），采空区的稳固性取决于其暴露面积 S 是否小于极限暴露面积 S_u；当开采空间长度很大时（长度大于跨度 a 的两倍），采空区的稳固性取决于采空区的跨度。

4.1.5 采空区倾角

矿体倾角决定了采空区的赋存特征，从而影响到顶底板岩石的受力状态和变形破坏过程。缓倾斜矿体采空区中部顶板岩层一般受压弯曲下沉，然后拉裂破坏，邻近未采区段的矿石或围岩则多受剪切破坏。急倾斜矿体采空区上盘棱柱体向下滑移则多为剪切作用。矿体倾角增大，矿体下盘方向水平移动量增加，岩体移动范围随之扩大；而上盘承受的覆盖岩层重力的法向分力减小。因此，急倾斜矿体开采所形成的采空区在一定深度下稳定性较好，但开采深度加大并形成大规模采空区时，则有突然大范围崩落的可能性。

不同倾角矿体的采空区对地表影响不同。采空区体积相同条件下，在单位面积上，急倾斜采空区要比缓倾斜采空区对地表影响区起到更为集中的破坏作用，容易形成柱塞式垂直剪断破坏。在处理采空区效果上，二者也有差别，不论用充填法或崩落法处理采空区，当松散体压缩率相同时，较大的急倾斜矿体采空区不易保持稳定，松散体易随开采下降而不断向下移动或垮落，这是造成地表不断沉降的原因之一。

4.1.6 周围开采影响

相邻采空区的稳固性不仅取决于单一开采空间应力分布，还需考虑相邻部位的开采引起的应力叠加问题。多个采空区就会形成一种群的效应。

工程案例表明，两个相距很近的采空区地压显现强烈，当两个小采空区合并成一个大跨度空间后，地压显现反而降低，变得稳定，主要是因为两个小采空区相距太近，之间的岩体受支撑压力叠加影响而失稳。所以为保持相邻采空区的稳固性，需根据次生应力场情况及岩性强度考虑空间间距。另外，相邻矿体开采会产生频繁的爆破震动，加剧了岩体内节理裂隙的发展，使采空区的稳固性大大降低。

4.1.7 地下水作用

岩石是颗粒或晶体相互胶结或黏结在一起的聚集体，而地下水又是地质环境中最活跃的因素，水-岩共同作用的实质是一种从岩石微观结构变化导致其宏观力学特性改变的过程，这种复杂作用的微观演化过程是自然界岩体强度软化直到破坏的关键所在。

由前面分析可知，由地下水构成的渗流场，通过静力及动力作用，对应力场产生影响，从而影响采空区的稳定性。能量观点认为，水-岩作用实际上也是岩石矿物的能量平衡变化的过程，利用岩石矿物由于水环境的影响而产生相应的能量变化可以解释并定量分析水-岩反应的力学效应。Booezeratl 和 Swolsf 等在石英的裂隙渗透试验与砂岩的抗压实验中发现，由于水环境的作用而造成被测矿物表面自由能减少。从动力学的角度来分析，Lgonanad Blakcweu 发现，有水存在时，砂岩的摩擦系数下降 15%。在裂隙水压力对岩体强度影响的一文中，朱珍德借助于有效应力原理考虑了渗透水压力对受力岩石宏观力学效应的影响。

无论是从动力学角度还是从能量学角度，由于岩石矿物之间存在化学不平衡导致了水-岩之间不可逆的热力学过程，从而改变了岩石的物理状态和微观结构，削弱了矿物颗粒之间的联系，腐蚀晶格，使受力岩体变形加大，强度降低。因此，岩石劣化损伤机制取决于水-岩共同作用下岩体内裂隙面物理损伤基元及其颗粒、矿物结构之间的耦合作用。水-岩相互作用的结果导致了岩石微观结构成分的改变和原有微观结构的破坏，从而改变了岩石的应力状态和宏观力学性，使岩石的质量和强度大大降低。

4.1.8 地下温度场

由前面分析可知，温度场与渗流场、应力场之间存在着复杂的关系，往往形成两场或多场的耦合作用，这种耦合作用往往对采空区的稳定性产生重要的影响。另外，温度场的影响还体现在岩石的冻融方面。

岩石经过若干次的冻结和融解后，它的强度往往就降低，甚至破坏。这一方面是由于不同矿物在温度升降时的膨胀和收缩不同从而使岩石的结构逐渐破坏之故，另一方面也是由于岩石裂隙、孔隙中水结冰时的体积膨胀，在岩石的裂隙、孔隙内产生附加压力，因而造成岩石破坏。

由于不同矿山采空区所赋存环境不同，应力场、渗流场及温度场差异很大，而且采空区形态决定于采矿工艺及参数等，因此不同矿山的采空区的稳定性影响因素往往差异较大。因此，进行采空区稳定性分析时，应建立在实地调查的基础之上，针对不同情况，确定关键因素。

4.2 采空区稳定性分析方法

采空区稳定性分析实质上是分析在特殊赋存环境中，采空区结构及围岩的稳定状态。由于组成岩体的岩石性质、组织结构以及岩体中结构面发育情况的差异，致使岩体力学性质相差较大。目前，针对采空区稳定性分析，国内外学者进行了大量的研究，得到了许多行之有效的分析方法。总体来看，主要包括基于岩体质量分级的分析方法、理论分析方法、数值模拟分析方法以及基于不确定理论的分析方法[50~54]。

4.2.1 基于岩体质量分级的分析方法

4.2.1.1 按岩石质量指标（RQD）分类

岩石质量指标 RQD 值，是指钻取岩芯中长度超过 100mm 的累计长度与岩芯总长度之比的百分率，是以修正岩芯采取率为基础，用来评价岩石质量好坏的一种方法，它能较准确地反映出岩体中裂隙发育程度以及风化使岩石强度降低的结果。在施工中要求钻进时每一回次不超过 0.5m，钻进中用水量控制在最小范围，岩芯管中取芯时不得用力打击，以免击断，岩芯取出按顺序依次放在岩芯箱中，进行岩芯地质编录，计算 RQD 值。RQD 值的计算如下：

$$RQD = \frac{\sum L}{L_H} \times 100\%$$

式中　　$\sum L$——各岩层中岩芯超过 100mm 的岩芯长度之和；

　　　　L_H——钻孔穿过各岩矿层总进尺。

当取不到岩芯时，RQD 值可通过估算单位体积内节理数来确定，此时可知每米中每组的节理数。对于无黏土岩体其换算关系为：

$$RQD = 115 - 3.3J_v$$

式中 J_v——每立方米中的总节理数。

4.2.1.2 按岩体结构类型分类

中国科学院地质研究所谷德振等根据岩体结构划分岩体类别，其特点是考虑了各类结构的地质成因，突出了岩体的工程地质特性。这种分类法把岩体结构分为四类，即整体块状结构、层状结构、碎裂结构和散体结构，在前三类中每类又分 2~3 个亚类，详见表 4-2[55]。按岩体结构类型的岩体分类方法，对重大的岩体工程地质评价来说，是一种较好的分类方法，颇受国内外重视。

表 4-2 中国科学院地质研究所岩体分类

岩体结构类型				岩体完整性		主要结构面及抗剪特性			岩块湿抗压强度/Pa
类		亚类		结构面间距/cm	完整性系数 K_V	级 别	类 型	主要结构面摩擦系数 f	
代号	名称	代号	名称						
I	整体块状结构	I_1	整体结构	>100	>0.75	存在Ⅳ、Ⅴ级	刚性结构面	>0.60	>6000
		I_2	块状结构	100~50	0.75~0.35	以Ⅳ、Ⅴ级为主	刚性结构面，局部为破裂结构面	0.40~0.60	>3000，一般>6000
Ⅱ	层状结构	$Ⅱ_1$	层状结构	50~30	0.60~0.30	以Ⅲ、Ⅳ级为主	刚性结构面、柔性结构面	0.30~0.50	>3000
		$Ⅱ_2$	薄层状结构	<30	<0.40	以Ⅲ、Ⅳ级显著	柔性结构面	0.30~0.40	3000~1000
Ⅲ	碎裂结构	$Ⅲ_1$	镶嵌结构	<50	<0.36	Ⅳ、Ⅴ级密集	刚性结构面、破碎结构面	0.40~0.60	>6000
		$Ⅲ_2$	层状碎裂结构	<50(骨架岩层中较大)	<0.40	Ⅱ、Ⅲ、Ⅳ级均发育	泥化结构面	0.20~0.40	<3000,骨架岩层在3000上下
		$Ⅲ_3$	碎裂结构	<50	<0.30		破碎结构面	0.16~0.40	<3000
Ⅳ	散体结构	Ⅳ	散体结构		<0.20		节理密集呈无序状分布，表现为泥包块或块夹泥	<0.20	无实际意义

注：K_V 为岩体完整系数，$K_V = \left(\dfrac{V_{ml}}{V_{cl}}\right)^2$，$V_{ml}$ 为岩体纵波速度，V_{cl} 为岩石纵波速度；f 为岩体中起控制作用的结构面的摩擦系数，$f = \tan\varphi_w$。

4.2.1.3　岩体质量分级

《工程岩体分级标准》（GB 50218—94）提出了两步分级法，首先，按岩体的基本质量指标 BQ 进行初步分级，其次，针对各类工程岩体的特点，考虑其他影响因素如天然应力、地下水和结构面方位等对 BQ 进行修正，再按修正后的 BQ 进行详细分级[56]。

A　岩体基本质量分级

《工程岩体分级标准》认为岩石坚硬程度和岩体完整程度所决定的岩体基本质量，是岩体所固有的属性，是有别于工程因素的共性。岩体基本质量好，则稳定性也好；反之，稳定性差。岩石坚硬程度划分如表 4－3 所示[57]。

表 4－3　岩石坚硬程度划分

岩石饱和单轴抗压强度/MPa	>60	60~30	30~15	15~5	<5
坚硬程度	坚硬岩	较坚硬岩	较软岩	软岩	极软岩

岩体完整程度划分如表 4－4 所示[58]。

表 4－4　岩体完成程度划分

岩体完整性系数 K_V	>0.75	0.75~0.55	0.55~0.35	0.35~0.15	<0.15
完整程度	完整	较完整	较破碎	破碎	极破碎

表中岩体完整性系数 K_V 可用声波试验资料按下式确定：

$$K_V = \left(\frac{V_{ml}}{V_{cl}} \right)^2$$

式中　V_{ml}——岩体纵波速度；

　　　V_{cl}——岩石纵波速度。

当无声测资料时，K_V 也可根据岩体单位体积内结构面系数 J_V，查表 4－5 求得[59]。

表 4－5　J_V 与 K_V 对照表

J_V/条·m^{-3}	<3	3~10	10~20	20~35	>35
K_V	>0.75	0.75~0.55	0.55~0.35	0.35~0.15	<0.15

岩体基本质量指标 BQ 值以 103 个典型工程为抽样总体，通过采用多元逐步回归和判别分析法建立了岩体基本质量指标表达式：

$$BQ = 90 + 3\sigma_{cw} + 250K_V$$

式中　σ_{cw}——岩石单轴饱水抗压强度；

　　　K_V——岩体完整性系数。

在使用上式时，必须遵循下列条件：

当 $\sigma_{cw} > 90K_V + 30$ 时，以 $\sigma_{cw} = 90K_V + 30$ 代入该式，求 BQ 值；

当 $K_V > 0.04\sigma_{cw} + 0.4$ 时，以 $K_V = 0.04\sigma_{cw} + 0.4$ 代入该式，求 BQ 值。

按 BQ 值和岩体质量的定性特征将岩体划分为 5 级[60]，如表 4-6 所示。

表 4-6 *BQ* 岩体分级标准

基本质量级别	岩体质量的定性特征	岩体基本质量指标（*BQ*）
I	坚硬岩，岩体完整	>550
II	坚硬岩，岩体较完整；较坚硬岩，岩体完整	550~451
III	坚硬岩，岩体较破碎；较坚硬或软、硬岩互层，岩体较完整；较软岩，岩体完整	450~351
IV	坚硬岩，岩体破碎；较坚硬岩，岩体较破碎或破碎；较软岩或较坚硬岩互层，且以软岩为主，岩体较完整或较破碎；软岩，岩体完整或较完整	350~251
V	较软岩，岩体破碎；软岩，岩体较破碎或破碎；全部极软岩及全部极破碎岩	<250

注：表中岩石坚硬程度按表 4-3 划分；岩石完整程度按表 4-4 划分。

B 岩体稳定性分级

采空区岩体的稳定性，除与岩体基本质量的好坏有关外，还受地下水、主要软弱结构面、天然应力的影响，应结合工程特点，考虑各影响因素来修正岩体基本质量指标，作为不同工程岩体分级的定量依据[61]。主要软弱结构面产状影响修正系数 K_2 按表 4-7 确定，地下水影响修正系数 K_1 按表 4-8 确定，天然影响修正系数 K_3 按表 4-9 确定。

表 4-7 主要软弱结构面产状影响修正系数 *K₂*

结构面产状及其与洞轴线的组合关系	结构面走向与洞轴线夹角 $\alpha \leqslant 30°$，倾角 $\beta = 30° \sim 75°$	结构面走向与洞轴线夹角 $\alpha > 60°$，倾角 $\beta > 75°$	其他组合
K_2	0.4~0.6	0~0.2	0.2~0.4

表 4-8 地下水影响修正参数 *K₁*

K_1 地下水状态 \ BQ	>450	450~350	350~250	<250
潮湿或点滴状出水	0	0.1	0.2~0.3	0.4~0.6
淋雨状或涌流状出水，水压 ≤ 0.1MPa 或单位水量 <10L/(min·m)	0.1	0.2~0.3	0.4~0.6	0.7~0.9
淋雨状或涌流状出水，水压 > 0.1MPa 或单位水量 >10L/(min·m)	0.2	0.4~0.6	0.7~0.9	1.0

表4-9　天然应力影响修正参数 K_3

K_3 ＼ BQ 初始应力状态	>550	550~450	450~350	350~250	<250
极高应力区	1.0	1.0	1.0~1.5	1.0~1.5	0.4~0.6
高应力区	0.5	0.5	0.5	0.5~1.0	0.5~1.0

注：极高应力指 $\sigma_{cw}/\sigma_{max}<4$，高应力指 $\sigma_{cw}/\sigma_{max}=4\sim7$。$\sigma_{max}$ 为垂直洞轴线方向最大天然应力。

对地下工程修正值 $[BQ]$ 的工程岩体分级仍按表4-6进行[62]。各级岩体的物理力学参数和围岩自稳能力可按表4-10确定。

表4-10　各级岩体物理力学参数和围岩自稳能力

级别	密度 ρ /g·cm^{-3}	抗剪强度 $\varphi/$ (°)	C/MPa	变形模量	泊松比	围岩自稳能力
I	>2.65	>60	>2.1	>33	0.2	跨度≤20m，可长期稳定，偶有掉块，无塌方
II	>2.65	60~50	2.1~1.5	33~20	0.2~0.25	跨度10~20m，可基本稳定，局部可掉块或发生小塌方
III	2.65~2.45	50~39	1.5~0.7	20~6	0.25~0.3	跨度10~20m，可稳定数日至一个月，可发生小至中塌方；跨度5~10m，可稳定数月，可发生局部块体移动及小至中塌方；跨度<5m，可基本稳定
IV	2.45~2.25	39~27	0.7~0.2	6~1.3	0.3~0.35	跨度>5m，一般无自稳能力，数日至数月内可发生松动、小塌方，进而发展为中至大塌方，埋深消失，以拱部松动为主，埋深大时，有明显塑性流动和挤压破坏；跨度≤5m，可稳定数日至一月
V	<2.25	<27	<0.2	<1.3	>0.35	无自稳能力

注：小塌方指塌方高 <3m，或塌方体积 <30m³；中塌方指塌方高度3~6m，或塌方体积30~100m³；大塌方指塌方高度>6m，或塌方体积>100m³。

C　RMR 系统 Bieniawski 地质力学分类

岩体权值系统，也称地质力学分类（RMR 法）。RMR 系统经受了时间检验并得益于世界各国许多作者的发展与应用[63]，显示了本系统的可行性和内在的应用简便性，显示了它在工程实践中的适用性。

下面6个参数是 RMR 系统用来对岩体分级的：（1）岩石强度；（2）岩石质量指标；（3）不连续面间距；（4）不连续面条件；（5）地下水条件；（6）不连续面方向。

为了应用地质力学分类，将岩体分成许多结构，每个区域的某些特征或接近或一致。尽管岩体客观上是不连续的，但是它们在区域内是一样的。在大多数情况下，结构区域的边界将与大型地质特征面如断层、岩脉、剪切区等重合。分类时，根据各类指标的数值按表 4-11 的标准评分，求和得总的 RMR 值，然后按表 4-12 的规定对总分作适当的修正，最后用修正的总分对照表 4-13～表4-15 求得所研究岩体的类别及稳定性和岩体的强度指标值[64]。

表 4-11 节理岩体地质力学分类（RMR）参数及其指标

序号	参数		数 值 范 围					
1	点荷载强度/MPa	>10	4～1	2～4	1～2	对于低值范围宜用单轴抗压强度		
	单轴抗压强度/MPa	>250	100～250	50～100	25～50	5～25	1～5	<1
	指标	15	12	7	4	2	1	0
2	岩芯质量 RQD/%	90～100	75～90	50～75	25～50	<25		
	指标	20	17	13	8	3		
3	节理间距/m	>2	0.6～2	0.2～0.6	0.06～0.2	<0.06		
	指标	20	15	10	8	5		
4 节理状态	长度/m	<1	1～3	3～10	10～20	>20		
	指标	6	4	2	1	0		
	张开度/mm	闭合	<0.1	0.1～1	1～5	>5		
	指标	6	5	4	1	0		
	粗糙度	很粗糙	粗糙	微平滑	平滑	光滑		
	指标	6	5	3	1	0		
	充填物/mm	无	硬<5	硬>5	软<5	软>5		
	指标	6	4	2	2	0		
	风化程度	无风化	微风化	中等风化	高度风化	腐解		
	指标	6	5	3	1	0		
5 地下水	每10m 隧道涌水量/L·min⁻¹	无	<10	10～25	25～125	>125		
	节理水压力与最大主应力之比	0	0～0.1	0.1～0.2	0.2～0.5	>0.5		
	一般条件	完全干燥	较干燥	潮湿	滴水	流水		
	指标	15	10	7	4	0		

表4-12   节理方向的指标修正

节理的走向与倾向		很有利的	有利的	中等的	不利的	很不利的
指标	隧道	0	-2	-5	-10	-12
	地基	0	-2	-7	-15	-25
	边坡	0	-5	-25	-50	—

表4-13   根据总指标确定岩体分级

指标	100~81	80~61	60~41	40~21	<21
分级	I	II	III	IV	V
描述	很好的岩体	好岩体	中等岩体	差岩体	很差岩体

表4-14   由 RMR 值确定的岩体级别

RMR 总评分	100~81	80~61	60~41	40~21	<21
岩体级别	I 级	II 级	III 级	IV 级	V 级
评 价	优	良	中	差	劣

表4-15   岩体分类的意义

分 类	I	II	III	IV	V
平均自立时间	15m 跨度 可达 20 年	10m 跨度 可达 1 年	5m 跨度 可达 1 周	2.5m 跨度 可达 10h	1m 跨度 可达 30min
岩体内聚力/kPa	>400	300~400	200~300	100~200	<100
岩体摩擦角/(°)	>45	35~45	25~35	15~25	<15

D   Barton 岩体分类 Q 系统

挪威岩土工程研究所（Norwegian Geotechnical Institute）Barton 等人于 1974 年提出了 NGI 岩体质量分类法，其分类指标值 Q 由下式确定[65]：

$$Q = \frac{RQD}{J_n} \cdot \frac{J_r}{J_a} \cdot \frac{J_w}{SRF}$$

式中　　RQD——岩石质量指标；

　　　　J_n——节理组数系数；

　　　　J_r——节理粗糙度系数（最不利的不连续面或节理组）；

　　　　J_a——节理蚀变度（变异）系数（最不利的不连续面或节理组）；

　　　　J_w——节理渗水折减系数；

　　　　SRF——应力折减系数。

Q 系统使用 6 个不同参数对岩体质量进行评估：（1）RQD；（2）节理组数；（3）最不合适节理或者不连续面的粗糙度；（4）变质程度或沿最弱节理的充填

情况；（5）涌水量；（6）应力条件。这6个参数的组合，反映了岩体质量三个方面，即：$\dfrac{RQD}{J_n}$ 为岩体的完整性；$\dfrac{J_r}{J_a}$ 表示结构面的形成、充填物特征及次生变化程度；$\dfrac{J_w}{SRF}$ 表示水与其他应力存在时对岩体质量的影响。

Q 系统分类法考虑的地质因素较全面，把定性分析和定量评价结合了起来，因此是目前比较好的岩体分类方法。另外，Bieniawski 在大量的实测统计的基础上，发现 Q 值与 RMR 值间具有如下统计关系：

$$RMR = 9\ln Q + 44$$

基于岩体质量分级的分析方法，是从采空区结构构成的岩体出发，通过岩体质量的评价和分级，对采空区的稳定性进行判断评价。但该方法并未考虑采空区的结构特点，实际上岩体在不同的采空区结构中会表现出不同的稳定性，而且这些方法使用较繁琐，不易掌握。

4.2.2 理论分析方法

近些年，根据采空区的结构特点，对采空区进行简化，在采空区（群）环境下，采空区中的顶板和间柱结构犹如高楼大厦的框架，其力学稳定性直接决定着整个采空区（群）的整体稳定性[66]。根据采空区的这种特性，国内外学者采用结构力学、弹塑性力学及损伤力学等理论，将顶板及矿柱等效为梁、板柱等结构，进行理论计算，以此对采空区稳定性进行分析，并确定采空区的安全结构参数。

作为采空区结构的两个主要承载结构，顶板和矿柱的受力状态具有较大的区别。矿柱作为下部承载结构，主要承受压力及剪力，受力状态有利于岩石材料。而采空区顶板受力状态复杂，往往处于受拉的状态，因此顶板是相对薄弱的部分，在采空区跨度、高度、承载状况发生变化时，都可能发生坍塌，导致上下相邻采空区相互贯通，改变原有采空区结构，诱发地应力改变，形成局部应力集中和岩体破坏，进而导致更大范围的采空区贯通和失稳。

针对顶板和矿柱不同的受力特点，研究学者提出了不同的理论分析方法，如两端固支梁力学分析法、荷载传递交会线法。

4.2.2.1 固定梁力学分析

对于采空区长度远远大于宽度的采空区顶板，可假定它是结构力学中两端固定的梁，计算时将其简化为平面弹性力学问题，取单位宽度进行计算，岩性板梁的计算简图和弯矩如图4-1和图4-2所示。

图4-2中，弯矩 M 为：

$$M = \frac{1}{12}qL_0^2 \tag{4-1}$$

式中　　q——岩梁自重及外界均布荷载；

　　　　L_0——采空区跨度。

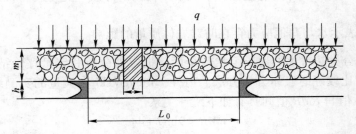

图 4 - 1　岩性板梁的支承条件（固支状态）

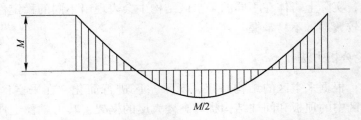

图 4 - 2　岩性板梁的弯矩大小示意图

　　将顶板看作是两端固定的厚梁，依此力学模型，可得到顶板厚梁内的弯矩与应力大小为：

$$M = \frac{(9.8h + q)l_n^2}{12} \tag{4 - 2}$$

$$\omega = \frac{1}{6}bh^2 \tag{4 - 3}$$

式中　　M——弯矩，N·m；

　　　　ω——阻力矩；

　　　　b——梁宽，m。

　　计算可知，在采空区顶板中央位置出现最大弯矩。顶板允许的应力 $\sigma_{许}$ 为：

$$\sigma_{许} = \frac{M}{\omega} = \frac{(9.8\gamma h + q)l_n^2}{2bh^2} \tag{4 - 4}$$

$$\sigma_{许} \leqslant \frac{\sigma_{极}}{nK_C} \tag{4 - 5}$$

式中　　$\sigma_{许}$——允许拉应力，MPa；

　　　　n——安全系数，可取 2 ~ 3；

　　　　$\sigma_{极}$——极限抗拉强度，MPa；

K_C——结构削弱系数。

K_C 值取决于岩石的坚固性、岩石裂隙特点、夹层弱面等因素。当用大爆破崩矿时，顶板中会产生附加应力，这些应力将削弱岩体强度和增加裂隙。因此，结构削弱系数 K_C 不应小于 7 ~ 10。

4.2.2.2 四端固支板理论

对于长度和宽度相差不大的采空区顶板，可将采空区顶板等效为四端固支弹性板。国内学者王金安基于弹性板理论，建立了采空区顶板断裂力学分析模型[67]。该模型将顶板视为弹性板，而将矿柱视为刚度为 k 的弹簧，计算简图如图 4 – 3 所示。

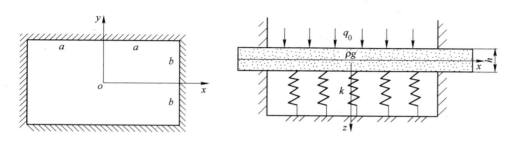

图 4 – 3 固定板理论计算简图

设板的长度为 $2a$，宽度为 $2b$，$b \leqslant a$，厚度为 h，顶板岩体的弹性模量为 E，泊松比为 μ，体密度为 ρ，极限抗拉强度为 $[\sigma_t]$，上覆岩层的压力为均布载荷 q_0。

进行计算分析前，做如下假设：（1）采空区尺寸已达到或超过顶板关键层厚度的 5 ~ 8 倍，采空区上方顶板近似按薄板处理；（2）顶板在破裂前为小变形，上覆岩层荷载在顶板变形过程中不发生明显改变；（3）采空区四周围岩的微小塑性变形对坚硬顶板的支撑影响作用忽略不计；（4）采空区顶板下的矿柱视为相同的受压弹性直杆，初始小变形时的弹性模量为 E_1，平均截面积为 A，高度为 H。假设矿柱等距分布，总数目为 n，将弹性直杆近似地等效成连续分布的温克尔弹性基础，等效弹性系数为 k，则有 $nE_1A/H = 4abk$，得到等效弹性系数为：

$$k = \frac{nE_1A}{4abH}$$

根据弹性基础上的平板弯曲理论，顶板下沉挠度 $w(x, y)$ 满足：

$$D \nabla^4 w + kw = q$$

式中 D——板的抗弯刚度，$D = Eh^3 / [12(1 - \mu^2)]$。

作用在顶板上的荷载 q 由 q_0 及顶板自重 ρgh 叠加而成，顶板在破坏前的边界条件为：

$$w\Big|_{x=\pm a}=0, w\Big|_{y=\pm b}=0, \frac{\partial w}{\partial x}\Big|_{x=\pm a}=0, \frac{\partial w}{\partial y}\Big|_{y=\pm b}=0$$

根据弹性力学理论可知，顶板中各点的挠度为：

$$w=\frac{w_0}{a^4 b^4}(x^2-a^2)^2(y^2-b^2)^2$$

由伽辽金弱形式方程得顶板中间的最大挠度为：

$$w_0=\frac{441}{128}q\Big/\Big[2k+9D\Big(\frac{7}{a^4}+\frac{4}{a^2 b^2}+\frac{7}{b^4}\Big)\Big]$$

顶板的弯矩为：

$$M_x=-D\Big(\frac{\partial^2 w}{\partial x^2}+\mu\frac{\partial^2 u}{\partial y^2}\Big)=-\frac{4Dw_0}{a^4 b^4}\big[(3x^2-a^2)(y^2-b^2)^2+\mu(x^2-a^2)^2(3y^2-b^2)\big]$$

$$M_y=-D\Big(\frac{\partial^2 w}{\partial y^2}+\mu\frac{\partial^2 u}{\partial x^2}\Big)=-\frac{4Dw_0}{a^4 b^4}\big[(x^2-a^2)^2(3y^2-b^2)+\mu(3x^2-a^2)(y^2-b^2)^2\big]$$

根据该理论，顶板破裂时顶板的长边中点先进入塑性状态，而后沿长边扩展形成塑性铰；然后短边中点进入塑性区，形成塑性铰。当继续发展时，顶板边界出现破坏，由固支变成了简支，但整体并没有破坏。若进一步发展，顶板就会达到极限状态而产生内部破裂破坏，从边缘形成塑性铰线到内部形成塑性铰线。在边界的中间部位，弯矩达到最大，即：

$$M_{x,\max}=\frac{8Dw_0}{a^2}, \quad M_{y,\max}=\frac{8Dw_0}{b^2}$$

根据强度理论，初始的破坏条件为：

$$\sigma_{x,\max}=\frac{6M_{x,\max}}{h^2}=\frac{48Dw_0}{a^2 h^2}\geqslant[\sigma_t]$$

$$\sigma_{y,\max}=\frac{6M_{y,\max}}{h^2}=\frac{48Dw_0}{b^2 h^2}\geqslant[\sigma_t]$$

四边变成简支后，边界条件变为：

$$w\Big|_{x=\pm a}=0, w\Big|_{y=\pm b}=0, \frac{\partial^2 w}{\partial x^2}\Big|_{x=\pm a}=0, \frac{\partial^2 w}{\partial y^2}\Big|_{y=\pm b}=0$$

根据弹性力学可知，板的挠度的解析解为：

$$w=w_0\cos\frac{\pi x}{2a}\cos\frac{\pi y}{2b}$$

其中

$$w_0=\frac{16}{\pi^2}q\Big/\Big[k+D\frac{\pi}{16}\Big(\frac{1}{a^2}+\frac{1}{b^2}\Big)\Big]^2$$

弯矩的绝对值和弯曲应力在顶板的中心点（0，0）处达到最大值，因此破坏条件为：

$$\sigma_{x,\max} = \frac{3\pi^2 D}{2h^2}\left[\frac{1}{a^2} + \frac{\mu}{b^2}\right]w_0 \geqslant [\sigma_t]$$

$$\sigma_{y,\max} = \frac{3\pi^2 D}{2h^2}\left[\frac{\mu}{a^2} + \frac{1}{b^2}\right]w_0 \geqslant [\sigma_t]$$

4.2.2.3　荷载传递交会线法

此法假定荷载由顶板中心按竖直线成30°~35°扩散角向下传递,当传递线位于顶与洞壁的交点以外时,即认为采空区壁直接支撑顶板上的外荷载与岩石自重,顶板是安全的[68]。其计算原理如图4-4所示。

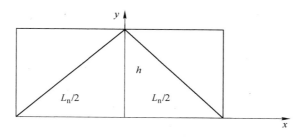

图4-4　荷载传递交会线法计算原理

设 β 为荷载传递线与顶板中心线间夹角,则顶板安全厚度计算公式为:

$$h = \frac{L_n}{2\tan\beta} \tag{4-6}$$

式中　L_n——采空区跨度,m;

　　　h——顶板计算厚度,m。

4.2.2.4　厚跨比法

顶板的厚度 H 与其跨越采空区的宽度 W 之比满足 $H/W \geqslant 0.5$ 时,则认为顶板是安全的[69],取一安全系数,则有:

$$\frac{H}{KW} \geqslant 0.5 \tag{4-7}$$

式中　H——安全隔离层厚度,m;

　　　W——采空区跨度,m;

　　　K——安全系数。

4.2.2.5　普氏拱法

普氏拱理论又称破裂拱理论,它根据普氏地压理论,认为在巷道或采空区形成后,其顶板将形成抛物线形的拱带,采空区上部岩体重量由拱承担。对于坚硬岩石,顶部承受垂直压力,侧帮不受压,形成自然拱;对于较松软岩层,顶部及侧帮有受压现象,形成压力拱;对于松散性地层,采空区侧壁崩落后的滑动面与水平交角等于松散岩石的内摩擦角，形成破裂拱[70]。各种情况下的拱高用下式计算：

自然平衡拱高：

$$H_z \geqslant \frac{b}{f}$$

(4 – 8)

压力拱拱高：

$$H_y = \frac{b + h\tan(45° - \varphi/2)}{f}$$

(4 – 9)

破裂拱拱高：

$$H_p = \frac{b + h\tan(90° - \varphi)}{f}$$

(4 – 10)

式中　b——空场宽度之半，m；

　　　h——空场最大高度，m；

　　　φ——岩石内摩擦角，(°)；

　　　f——岩石强度系数。

对于完整性较好的岩体，可以采用如下的经验公式：

$$f = \frac{R_c}{10}$$

(4 – 11)

式中　R_c—岩石的单轴极限抗压强度，MPa。

4.2.2.6　鲁佩涅伊特理论计算法

该法是在普氏破裂拱理论基础上，根据力的独立作用原理，考虑露天开采采空区上部岩体自重和露天设备重量作用应力对岩石的影响，并且在理论分析计算中假定：（1）采空区长度大大超过其宽度；（2）采空区的数量无限多，不计边界跨度影响。在此前提下，将复杂的三维厚板计算问题简化为理想的弹性平面问题，然后建立力学模型，得到采空区顶板岩层的受力结构如图4 – 5所示[71]。然

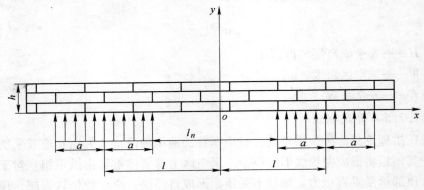

图4 – 5　自重作用下顶板安全厚度计算图

后对此进行分析与研究，确定顶板的安全厚度。

根据自重作用下岩石顶板的力学模型，得到其应力分布为：

$$\begin{cases} \sigma_x = \sigma_x^0 + \sigma_{xl} \\ \sigma_y = \sigma_y^0 + \sigma_{yl} \\ \tau_{xy} = \tau_{xy}^0 + \tau_{xyl} \end{cases} \tag{4-12}$$

$$\sigma_x^0 = \sigma_y^0 - 9.8\gamma(h-y) \tag{4-13}$$

$$\tau_{xy}^0 = 0$$

式中　γ——顶板矿岩堆积密度，g/cm^3；

　　　h——顶板的厚度，m。

$$\sigma_{xl} = \sum_{n=1}^{\infty} A_n \cos a_n x \left[(K_n - a_n y l_n) \sh a_n y + (1 - 2l_n + a_n y K_n) \ch a_n y \right] \tag{4-14}$$

$$\sigma_{yl} = \sum_{n=1}^{\infty} A_n \cos a_n x \left[(K_n + a_n y l_n) \sh a_n y - (1 + a_n y K_n) \ch a_n y \right] \tag{4-15}$$

$$\tau_{xyl} = \sum_{n=1}^{\infty} A_n \sin a_n x \left[((1 - 2l_n + a_n y K_n) \sh a_n y - a_n y L_n) \ch a_n y \right] \tag{4-16}$$

其中　　　　　　　　$a_n = \dfrac{n\pi}{l}$

$$A_n = (-1)^n \times 2 \times 9.8\gamma h \frac{\sin a_n a}{a_n a} \tag{4-17}$$

$$K_n = \frac{\sh a_n h \ch a_n h + a_n h}{\sh^2 a_n h - (a_n h)^2} \tag{4-18}$$

则顶板跨度为：

$$l_n = 2(l-a)$$

式中　l——采空区中心线与间柱中心线的距离，m；

　　　a——矿柱宽度之半，m。

采空区上部附加载荷引起的应力，按下列方法处理。

采空区群足够大时，作用在顶板上的载荷周期等于 $2l$，这种状况允许把载荷分解为如下的傅里叶级数。其计算如图 4-6 所示。

当 $y = h$ 时，$B_0 + \sum\limits_{n=1}^{\infty} B_n \cos a_n x$；

当 $y = 0$ 时，$B_0' + \sum\limits_{n=1}^{\infty} B_n' \cos a_n x$。

系数 B 可以按下式计算：

$$B_0 = \frac{1}{2l} \int_{-b}^{b} q \mathrm{d}x = \frac{qb}{l} \tag{4-19}$$

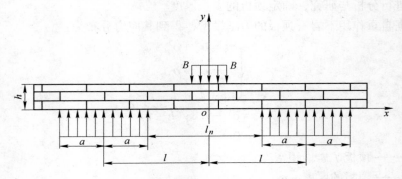

图 4 - 6   废石等附加载荷作用下顶板安全厚度计算图

$$B_n = \frac{1}{l} \int_{-b}^{b} q \cos a_n x \mathrm{d}x = \frac{2q \sin a_n b}{a_n l} \tag{4-20}$$

$$B_0' = \frac{1}{2l} \left(\int_{-l}^{-(l-a)} q\, \frac{b}{a} \mathrm{d}x + \int_{-a}^{l} q\, \frac{b}{a} \mathrm{d}x \right) = \frac{qb}{l} \tag{4-21}$$

$$B_n' = \frac{1}{l} \left(\int_{-l}^{-(l-a)} \frac{qb}{a} \cos a_n x \mathrm{d}x + \int_{-a}^{l} \frac{qb}{a} \cos a_n x \mathrm{d}x \right)$$

$$= (-1)^n \frac{2ab}{l} \frac{2q \sin a_n a}{a_n a} \tag{4-22}$$

顶板中由载荷 B_0、B_0' 产生的应力 σ_x'、σ_y'、τ_{xy}' 满足下列条件:

$$\varepsilon_x = \frac{1}{E} [\sigma_x' - \mu(\sigma_y' + \sigma_z')] = 0 \tag{4-23}$$

$$\varepsilon_z = \frac{1}{E} [\sigma_z' - \mu(\sigma_x' + \sigma_y')] = 0 \tag{4-24}$$

式中 ε_x, ε_z——分别为 x 轴和 z 轴上的应变;

　　　　μ——泊松比;

　　　　E——顶板岩石的弹性模量。

由计算公式得:

$$\sigma_x' = -\frac{\mu}{1-\mu} \cdot \frac{qb}{l} \tag{4-25}$$

此种情况下, 有 $\tau_{xy}' = 0$。

载荷所引起的顶板应力 σ_x''、σ_y''、τ_{xy}'', 可由下列无穷级数求得:

$$F = \sum_{n=1}^{\infty} \cos a_n x (D_{1,n} \operatorname{sh} a_n y + D_{2,n} \operatorname{ch} a_n y + D_{3,n} y \operatorname{sh} a_n y + D_{4,n} y \operatorname{ch} a_n y)$$

$$\tag{4-26}$$

此时有:

$$\sigma_x'' = \frac{\partial^2 F}{\partial y^2} = \sum_{n=1}^{\infty} a_n \cos a_n x [a_n (D_{1,n} \mathrm{sh} a_n y + D_{2,n} \mathrm{ch} a_n y + D_{3,n} y \mathrm{sh} a_n y +$$

$$D_{4,n} y \mathrm{ch} a_n y) + 2(D_{3,n} \mathrm{ch} a_n y + D_{4,n} \mathrm{sh} a_n y)]$$

$$\sigma_y'' = \frac{\partial^2 F}{\partial x^2} = - \sum_{n=1}^{\infty} a_n \cos a_n x [a_n (D_{1,n} \mathrm{sh} a_n y + D_{2,n} \mathrm{ch} a_n y +$$

$$D_{3,n} y \mathrm{sh} a_n y + D_{4,n} y \mathrm{ch} a_n y)]$$

$$\tau_{xy}'' = - \frac{\partial^2 F}{\partial x^2} = \sum_{n=1}^{\infty} a_n \sin a_n x [a_n (D_{1,n} \mathrm{ch} a_n y + D_{2,n} \mathrm{sh} a_n y + D_{3,n} y \mathrm{ch} a_n y +$$

$$D_{4,n} y \mathrm{sh} a_n y) + D_{3,n} \mathrm{sh} a_n y + D_{4,n} \mathrm{ch} a_n y]$$

系数根据顶板上下面的边界条件确定。对于两个面中的每一面都可以写出两个条件，这样共有 4 个已知条件，4 个条件就可以确定 4 个未知数 $D_{1,n}$、$D_{2,n}$、$D_{3,n}$、$D_{4,n}$。边界条件可以写成下面的形式：

当 $y = h$ 时，$\sigma_x'' = - \sum_{n=1}^{\infty} B_n \cos a_n x$，$-l \leqslant x \leqslant l$，$\tau_{xy}'' = 0$；

当 $y = 0$ 时，$\sigma_y'' = - \sum_{n=1}^{\infty} B_n \cos a_n x$，$-l \leqslant x \leqslant l$，$\tau_{xy}'' = 0$。

由边界条件可求得未知系数为：

$$D_{1,n} = \frac{B_n M_n - B_n' K_n}{a_n^2}$$

$$D_{2,n} = \frac{B_n'}{a_n^2}$$

$$D_{3,n} = \frac{B_n N_n - B_n' L_n}{a_n}$$

$$D_{4,n} = - a_n D_{1,n}$$

式中，$M_n = \dfrac{a_n h \mathrm{ch} a_n h + \mathrm{sh} a_n h}{\mathrm{sh}^2 a_n h - (a_n h)^2}$，$N_n = \dfrac{a_n h \mathrm{sh} a_n h}{\mathrm{sh}^2 a_n h - (a_n h)^2}$。

综合上述计算式最终得出：

$$\sigma_x'' = \sigma_x^{\textcircled{0}} + \sigma_{x,1} + \sigma_x' + \sigma_x'' \tag{4-27}$$

$$\sigma_y'' = \sigma_y^0 + \sigma_{y,1} + \sigma_y' + \sigma_y'' \tag{4-28}$$

$$\tau_{xy}' = \tau_{xy,1} + \tau_{xy}'' \tag{4-29}$$

在获得特定采空区条件下的顶板应力后，根据岩石力学强度参数，便可判断这一采空区的安全系数。同时，如果用于开采设计，给定安全系数的条件下，可得到不同阶段采空区的安全顶板厚度。

4.2.2.7 长宽比梁板法[72]

根据不同的采空区尺寸，可分两种情况讨论。

　　A　采空区长度与宽度之比大于 2

　　此时假定采空区顶板为一块嵌固梁板，其最小安全厚度为：

$$H_n = \frac{L_n}{8} \cdot \frac{\gamma L_n + \sqrt{\gamma^2 L_n^2 + 16\sigma(P + P_1)}}{\sigma} \qquad (4-30)$$

式中　H_n——最小安全厚度，m；

　　　L_n——采空区宽度，m；

　　　γ——采空区顶板岩石堆积密度，kN/m^3；

　　　σ——采空区顶板岩石的准许拉应力，kN/m^2；

　　　P——由爆破而产生的动荷载；

　　　P_1——废石等附加荷载对顶板的单位压力，kN/m^2。

$$P = \frac{\gamma H(K_c + K_n)}{K_p} \cdot K_g \qquad (4-31)$$

式中　H——阶段高度，m；

　　　K_c——爆堆沉降系数，取 0.1；

　　　K_n——爆破孔超钻系数，取 1.1；

　　　K_p——爆破后岩石松胀系数，取 1.3；

　　　K_g——载重冲击系数，取 2。

　　B　采空区长度与宽度之比等于或小于 2

　　此时假定采空区顶板为一个整体板结构，将其视为矩形双向板受自重均布荷载和废石等附加荷载作用，按弹性理论计算板跨中的最大弯矩。为安全起见，可将其四周边界条件视为四边简支结构，计算时利用四边简支的弯矩系数来确定短跨方向的最大弯矩 M_{max}，其计算式为：

$$弯矩 = 弯矩系数 \times q l_x^2 \qquad (4-32)$$

式中　q——作用在双向板上的均布荷载，kN/m^2；

　　　l_x——顶板的短边跨度，m。

　　由于岩石抗拉强度最低，利用材料力学方法确定顶板的最小安全厚度为：

$$\sigma = \frac{6W_x}{bh^2} \qquad (4-33)$$

4.2.3　数值模拟分析

　　随着计算理论和计算机科学长足发展，数值模拟技术广泛应用于岩体稳定性研究。其对破坏模式、机制的研究不再停留在对现象的定性分析上，而是采用数值模拟（或物理模拟）手段定量或半定量的再现岩体变形破坏过程和内部机制作用过程，从整体上、理性上认识岩体变形破坏机制，认识岩体稳定性的发展变化，但是其前提是必须认清岩体的结构。这就需要对工程地质条件进行详细的调查，特别对是岩体结构面的精细了解，从而为数值模拟提供详细的数据。

当前应用于岩体工程问题常用的数值方法有：有限元法（FEM：Finite Element Method，ANSYS，3D-Sigma）、有限差分法（FDM：Finite Difference Method，FLAC）、离散元法（DEM：Discrete Element Method）、颗粒元法（Particle Flow Code，PFC）、边界元法（BEM：Boundary Element Method）、不连续变形分析法（DDA：Discontinuous Deformation Analysis）、流形方法（MEM：Manifold Element Method）、无单元法（EFM：Element Free Method）等，以及由以上各种数值方法相互耦合的方法[73~80]。

4.2.3.1 有限元法

有限元法的理论基础是虚功原理和基于最小势能的变分原理，它是把计算域离散剖分为有限个互不重叠且相互连接的单元，在每个单元内选择基函数，用单元基函数的线形组合来逼近单元中的真解，整个计算域上总体的基函数可以看做由每个单元基函数组成的，则整个计算域内的解可以看做是由所有单元上的近似解构成。有限元法适用性广泛，从理论上讲对任何问题都适用，但计算速度相对较慢，特别是在解算高度非线性问题时，需要多次迭代求解。近年来，随着高性能计算机的问世和并行算法的出现，其计算精度和速度都有了很大的提高和改善。

4.2.3.2 有限差分法

有限差分法是求解微分方程和积分微分方程数值解的方法。其基本思想是：把连续的定解区域用有限个离散点构成的网格来代替，这些离散点称作网格的节点；把连续定解区域上的连续变量的函数用在网格上定义的离散变量函数来近似；把原方程和定解条件中的微商用差商来近似，积分用积分和来近似，于是原微分方程和定解条件就近似地代之以代数方程组，即有限差分方程组，解此方程组就可以得到原问题在离散点上的近似解；然后再利用插值方法便可以从离散解得到定解问题在整个区域上的近似解。

在采用数值计算方法求解偏微分方程时，若将每一处导数由有限差分近似公式替代，从而把求解偏微分方程的问题转换成求解代数方程的问题，即为所谓的有限差分法。有限差分法求解偏微分方程的步骤如下：

（1）区域离散化，即把所给偏微分方程的求解区域细分成由有限个格点组成的网格。

（2）近似替代，即采用有限差分公式替代每一个格点的导数。

（3）逼近求解。换而言之，这一过程可以看做是用一个插值多项式及其微分来代替偏微分方程的解的过程（Leon，Lapidus，George F. Pinder，1985）。

20 世纪 80 年代以来，有限差分法在国外尤其是在岩土工程计算中应用很广泛，其中以 FLAC 软件为典型代表。

4.2.3.3 离散元法

离散元法由康德尔建立的应用于不连续岩体的数值求解方法。它将含不连续面的岩体看做由若干块刚体组成，块体之间靠角点作用力维持平衡。角点接触力用弹簧和黏性元件描述，并服从牛顿第二定律。块体的位移和转动根据牛顿定律用动力松弛法按时步进行迭代求解。它采用显式求解的方法，按照块体运动、弱面产生变形，变形是接触区的滑动和转动，由牛顿定律、运动学方程求解，无需形成大型矩阵而直接按时步迭代求解，在求解过程中允许块体间开裂、错动，并可以脱离母体而下落。离散元法对破碎岩石工程的动态和准动态问题能给出较好解答。

4.2.3.4 颗粒元法

颗粒元法是由 P. A. Cudall 于 1979 年在离散元理论基础上提出的，因此，该理论方法体系也属于离散元范畴。

通过大量"堆砌"的圆形颗粒来模拟岩体，非常适合岩体的非连续力学性质分析，可从细观角度再现岩体内部裂纹萌生、扩展及最终破裂的过程，但采用颗粒元法进行计算时，每个计算时步都要对每个颗粒的应力应变状态及颗粒间接触进行搜索和更新，因此计算效率很低，限制了该方法在大尺度模拟计算中的应用。

4.2.3.5 边界元法

边界元法，也称边界积分方程法，按其本质说来，是有限元法与点源函数理论相结合的产物。它具有有限元法解题能力灵活，适用范围广泛的特色，又巧妙地运用点源函数的理论克服了有限元法的某些不足之处。

边界元法在工程实例中的应用十分广泛。由于各种工程结构经常受到随时间变化的荷载作用，因此其在工程中占有重要的地位，可为结构设计提供科学数据，判断原结构设计是否合理。边界元法是解边值问题的一种有力工具。

4.2.3.6 不连续变形分析法

不连续变形分析法是近年发展起来的一种分析不连续介质力学的岩土数值模拟方法。

不连续变形分析法将自然存在的岩体按结构面切割，形成不同的块体单元，通过块体接触和几何约束形成块体系统，以各块体的位移为未知量，引入运动方程，基于最小势能原理把块体之间的接触问题和块体本身的变形问题统一到矩阵的求解中，既可以计算破坏前的小位移，又可以计算破坏后的大变形。该方法具有离散元法的大多数特点，特别适合于非连续体的位移模拟。

不连续变形分析严格遵循经典力学规则，可用来分析块体系统的力和位移的相互作用，对各块体允许有位移、变形和应变，对整个块体系统，允许滑动和块体界面间张开或闭合。若已知每个块体的几何形状、荷载及材料特性常数，以及块体接触的摩擦角、黏结力和阻尼特征，即可计算出应力、应变、滑动块体接触力和块体位移。

4.2.3.7 流形元法

流形元法是 1991 年石根华利用现代数学"流形"的有限覆盖技术建立起来的新的能够统一处理连续问题和非连续问题的数值方法。它的核心是两种独立数学网格和物理网格，综合了有限元、不连续变形分析法和解析法，并利用单纯形积分的精确积分来求解岩土工程中的变形及稳定性等问题。

流形元法能统一处理连续与非连续变形问题，非常适合于模拟节理岩体的位移与变形规律，在岩体力学工程领域中取得了迅速的发展，在模拟材料破坏方面得到了成功的应用。该方法在块体运动模拟方面，完全吸收了 DDA 中关于块体运动的理论，能够很好地模拟块体破坏后的飞散过程。

流形元法最大的优点在于它能统一模拟岩体的连续与非连续变形，同时也是耦合了传统有限元法、不连续变形分析法基础上的扩展。其核心的流形覆盖的概念为岩土数值模拟提供了新的分析思路，同时该方法可广泛用于固、气、液三态的连续与非连续问题的求解。但是，目前该方法还缺少高效的覆盖生成算法及应用工具。

4.2.3.8 无单元法

无单元法是一种不划分单元的数值计算方法，是基于概率模型的计算方法，也是一种偏微分方程弱形式的近似解法。通过采用滑动最小二乘法所产生的光滑函数去近似场函数，无单元法可以求解具有复杂边界条件的边值问题（如开裂问题），只要加密离散点就可以跟踪裂缝的传播。

岩土工程的复杂性在于岩土材料的高度非均匀性和离散性，以及裂隙、节理和成层结构等的存在，无单元法是解决该类问题强有力的工具，国内学者在工程应用方面已取得了大量的成果。

无单元法是一种很有发展潜力的数值计算方法，但该方法的主要缺点是计算过程中存在大量的不确定因素，如影响半径如何准确确定、采用什么样的基函数和权函数是合适的并且有利于特定的计算、边界条件如何准确引入、怎样才能提高数值积分的精度等，从而影响了无单元法在工程实践中的广泛应用。

如表 4-16 所示，列出了几种主要的数值模拟方法。

表 4-16　几种数值模拟方法对比表

数值模拟方法	基本原理	求解方式	离散方程	适 用 条 件
有限元法	最小势能原理	解方程组	全区域划分单元	连续介质，大或小变形，不均质材料
边界元法	Betti 互等定理	解方程组	边界上划分单元	均质连续介质，小变形
离散元法	牛顿运动定理	显式差分	全区域划分单元	不连续介质，大变形，低应力水平

数值模拟方法	基本原理	求解方式	离散方程	适 用 条 件
有限差分法	牛顿运动定理	显式差分	全区域划分单元	连续介质，大变形
非连续变形法	最小势能原理	解方程组	按节理切割实际情况	不连续介质，大变形
数值流形法	最小势能原理	解方程组	按区域和节理切割实际情况	不连续介质，大变形

4.2.4   不确定性分析方法

采空区稳定性状况是多种因素综合作用下的宏观结构表现，每种因素都会影响采空区的稳定性，采空区的失稳也往往是在多种因素综合作用下的后果。每个因素在采空区失稳事故中占不同的权重，但每种因素的影响程度很难用定量的数值去表示，具有典型"模糊"特征，且在不同的赋存条件下，权重也是不确定的。因此，越来越多的学者将模糊理论引入采空区的稳定性评价中，通过建立多因素评价模糊集，进行权重的分析和确定，从而得到影响采空区的关键因素，以此判断采空区的稳定性，最终形成了基于模糊理论的不确定性分析方法。目前主要的不确定性分析方法包括模糊综合评判方法、概率论与可靠度分析方法、灰色系统理论、人工智能与专家系统、神经网络方法等[81~85]。

4.2.4.1   模糊综合评判方法

在进行采空区稳定性评价的过程中，存在很多定义不很严格或者说具有模糊性的概念，如矿区水文因素对采空区稳定性影响可以评价为"有利、比较有利、不那么有利、不利"，采空区空间形态对采空区稳定性影响可定义为"较重、严重、很严重"等。上述的定义本身是一个模糊性的概念，无法准确量化。

为处理这些不确定性的概念，模糊数学采用模糊集合论进行了解决。数值模拟技术术语确定性方法，一般采用特征函数去表征定量的关系，而模糊数学方法则采用隶属函数来处理这些边界不清的过渡性问题。基于模糊数学的原理，建立了模糊综合评判方法。

综合评判就是对受到多个因素制约的事物或对象作出一个总的评价，这是在日常生活和科研工作中经常遇到的问题，如产品质量评定、科技成果鉴定、某种作物种植适应性的评价等，都属于综合评判问题。由于从多方面对事物进行评价难免带有模糊性和主观性，采用模糊数学的方法进行综合评判将使结果尽量客观，从而取得更好的实际效果。

模糊综合评判的数学模型可分为一级模型和多级模型，在此仅介绍一级模型。采用一级模型进行综合评判，一般可归纳为以下几个步骤：

（1）建立评判对象因素集 $U = \{u_1, u_2, \cdots, u_n\}$。因素就是对象的各种属性或性能，在不同场合，也称为参数指标或质量指标，它们能综合地反映出对象的质量，因而可由这些因素来评价对象。

（2）建立评判集 $V = \{v_1, v_2, \cdots, v_n\}$。如工业产品的评价，评判集是等级的集合；农作物种植区域适应性的评价，评判集是适应程度的集合。

（3）建立单因素评判，即建立一个从 U 到 $F(V)$ 的模糊映射：

$$f: U \rightarrow F(V), \forall u_i \in U$$

$$u_i \mid \rightarrow f(u_i) = \frac{r_{i1}}{v_1} + \frac{r_{i2}}{v_2} + \cdots + \frac{r_{im}}{v_m}$$

$$0 \leqslant r_{ij} \leqslant 1, \ 1 \leqslant i \leqslant n, \ 1 \leqslant j \leqslant m$$

由 f 可以诱导出模糊关系，得到模糊矩阵：

$$\boldsymbol{R} = \begin{bmatrix} r_{11} & r_{12} & \cdots & r_{1m} \\ r_{21} & r_{22} & \cdots & r_{2m} \\ \vdots & \vdots & & \vdots \\ r_{n1} & r_{n2} & \cdots & r_{nm} \end{bmatrix}$$

$\boldsymbol{R}$ 称为单因素评判矩阵，于是 $(U, V, \boldsymbol{R})$ 构成了一个综合评判模型。

（4）综合评判。由于对 U 中各个因素有不同的侧重，需要对每个因素赋予不同的权重，它可表示为 U 上的一个模糊子集 $A = (a_1, a_2, \cdots, a_n)$，且规定 $\sum_{i=1}^{n} a_i = 1$。

在 $\boldsymbol{R}$ 与 A 求出之后，则综合评判模型为 $B = A \circ \boldsymbol{R}$。记 $B = (b_1, b_2, \cdots, b_m)$，它是 V 上的一个模糊子集，其中

$$b_j = \bigvee_{i=1}^{n} (a_i \wedge r_{ij}) \quad (j = 1, 2, \cdots, m)$$

如果评判结果 $\sum_{j=1}^{n} b_j \neq 1$，就对其结果进行归一化处理。

从上述模糊综合评判的 4 个步骤可以看出，建立单因素评判矩阵 $\boldsymbol{R}$ 和确定权重分配 A 是两项关键性的工作，但同时又没有统一的格式可以遵循，一般可采用统计实验、层次分析法或专家评分的方法求出。下面对层次分析法进行介绍。

层次分析法（Analytic Hierarchy Process，简称 AHP）是对一些较为复杂、较为模糊的问题作出决策的简易方法，特别适用于那些难以完全定量分析的问题。它是美国运筹学家 T. L. Saaty 教授于 20 世纪 70 年代初期提出的一种简便、灵活而又实用的多准则决策方法。运用层次分析法建模，大体上可按下面几个步骤进行：

（1）建立递阶层次结构模型；

（2）构造出各层次中的所有判断矩阵；

（3）层次单排序及一致性检验；

（4）层次总排序及一致性检验；

（5）递阶层次结构的建立与特点。

应用 AHP 分析决策问题时，首先要把问题条理化、层次化，构造出一个有层次的结构模型。在这个模型下，复杂问题被分解为元素的组成部分。这些元素又按其属性及关系形成若干层次，上一层次的元素作为准则对下一层次有关元素起支配作用。这些层次可以分为三类：

（1）最高层。这一层次中只有一个元素，一般它是分析问题的预定目标或理想结果，因此也称为目标层。

（2）中间层。这一层次中包含了为实现目标所涉及的中间环节，它可以由若干个层次组成，包括所需考虑的准则、子准则，因此也称为准则层。

（3）最底层。这一层次包括了为实现目标可供选择的各种措施、决策方案等，因此也称为措施层或方案层。

递阶层次结构中的层次数与问题的复杂程度及需要分析的详尽程度有关，一般层次数不受限制。每一层次中各元素所支配的元素一般不要超过 9 个，这是因为支配的元素过多会给两两比较判断带来困难。

层次结构反映了因素之间的关系，但准则层中的各准则在目标衡量中所占的比重并不一定相同，在决策者的心目中，它们各占有一定的比例。

在确定影响某因素的诸因子在该因素中所占的比重时，遇到的主要困难是这些比重常常不易定量化。此外，当影响某因素的因子较多时，直接考虑各因子对该因素有多大程度的影响时，常常会因考虑不周全、顾此失彼而使决策者提出与他实际认为的重要性程度不相一致的数据，甚至有可能提出一组隐含矛盾的数据。为看清这一点，可作如下假设：将一块重为 1kg 的石块砸成 n 小块，精确称出它们的质量，设为 w_1，…，w_n，现在，请人估计这 n 小块的质量占总质量的比例（不能让他知道各小石块的质量），这时不仅很难给出精确的比值，而且完全可能因顾此失彼而提供彼此矛盾的数据。

为比较 n 个因子 $X = \{x_1, \cdots, x_n\}$ 对某因素 Z 的影响大小，Saaty 等人建议可以采取对因子进行两两比较建立成对比较矩阵的办法。即每次取两个因子 x_i 和 x_j，以 a_{ij} 表示 x_i 和 x_j 对 Z 的影响大小之比，全部比较结果用矩阵 $A = (a_{ij})_{n \times n}$ 表示，称 A 为 $Z - X$ 之间的成对比较判断矩阵（简称判断矩阵）。容易看出，若 x_i 与 x_j 对 Z 的影响之比为 a_{ij}，则 x_j 与 x_i 对 Z 的影响之比应为 $a_{ji} = \dfrac{1}{a_{ij}}$。

关于如何确定 a_{ij} 的值，Saaty 等人建议引用数字 1～9 及其倒数作为标度。表 4－17 列出了 1～9 标度的含义。

从心理学观点来看，分级太多会超越人们的判断能力，既增加了作判断的难度，又容易因此而提供虚假数据。Saaty 等人还用实验方法比较了在各种不同标度下人们判断结果的正确性，实验结果也表明，采用 1～9 标度最为合适。

表 4 – 17　1~9 标度法含义

标　度	含　义
1	表示两个因素相比，具有相同重要性
3	表示两个因素相比，前者比后者稍重要
5	表示两个因素相比，前者比后者明显重要
7	表示两个因素相比，前者比后者强烈重要
9	表示两个因素相比，前者比后者极端重要
2，4，6，8	表示上述相邻判断的中间值
倒　数	若因素 i 与因素 j 的重要性之比为 a_{ij}，那么因素 j 与因素 i 重要性之比为 $a_{ji} = 1/a_{ij}$

A　层次单排序及一致性检验

判断矩阵 A 对应于最大特征值 λ_{max} 的特征向量 W，经归一化后即为同一层次相应因素对于上一层次某因素相对重要性的排序权值，称为层次单排序。

上述构造成对比较判断矩阵的办法虽能减少其他因素的干扰，较客观地反映出一对因子影响力的差别，但综合全部比较结果时，其中难免包含一定程度的非一致性。如果比较结果是前后完全一致的，则矩阵 A 的元素还应当满足：

$$a_{ij}a_{jk} = a_{ik}，\forall i,j,k = 1,2,\cdots,n \tag{4 – 34}$$

对判断矩阵的一致性检验的步骤如下：

（1）计算一致性指标 CI：

$$CI = \frac{\lambda_{max} - n}{n - 1} \tag{4 – 35}$$

（2）查找相应的平均随机一致性指标 RI。对 $n = 1$，$\cdots$，9，Saaty 给出了 RI 的值，如表 4 – 18 所示。

表 4 – 18　标准 RI 值

n	1	2	3	4	5	6	7	8	9
RI	0	0	0.58	0.90	1.12	1.24	1.32	1.41	1.45

RI 的值是这样得到的：用随机方法构造 500 个样本矩阵，随机地从 1~9 及其倒数中抽取数字构造正互反矩阵，求得最大特征根的平均值 λ'_{max}，并定义：

$$RI = \frac{\lambda'_{max} - n}{n - 1} \tag{4 – 36}$$

（3）计算一致性比例 CR：

$$CR = \frac{CI}{RI} \tag{4 – 37}$$

当 $CR < 0.10$ 时，认为判断矩阵的一致性是可以接受的，否则应对判断矩阵作适当修正。

B　层次总排序及一致性检验

设上一层次（A 层）包含 A_1，$\cdots$，A_m 共 m 个因素，它们的层次总排序权重分别为 a_1，$\cdots$，a_m。又设其后的下一层次（B 层）包含 n 个因素 B_1，$\cdots$，B_n，它们关于 A_j 的层次单排序权重分别为 b_{1j}，$\cdots$，b_{nj}（当 B_i 与 A_j 无关联时，$b_{ij} = 0$）。现求 B 层中各因素关于总目标的权重，即求 B 层各因素的层次总排序权重 b_1，$\cdots$，b_n，计算按表 4 – 19 所示方式进行，即 $b_i = \sum\limits_{j=1}^{m} b_{ij} a_j, i = 1, \cdots, n$。

表 4 – 19　层次总排序权重计算表

A 层 B 层	A_1 a_1	A_2 a_2	$\cdots$	A_m a_m	B 层总排序权值
B_1	b_{11}	b_{12}	$\cdots$	b_{1m}	$\sum\limits_{j=1}^{m} b_{1j} a_j$
B_2	b_{21}	b_{22}	$\cdots$	b_{2m}	$\sum\limits_{j=1}^{m} b_{2j} a_j$
$\vdots$	$\vdots$	$\vdots$	$\vdots$	$\vdots$	$\vdots$
B_n	b_{n1}	b_{n2}	$\cdots$	b_{nm}	$\sum\limits_{j=1}^{m} b_{mj} a_j$

对层次总排序也需作一致性检验，检验仍像层次总排序那样由高层到低层逐层进行。这是因为虽然各层次均已经过层次单排序的一致性检验，各成对比较判断矩阵都已具有较为满意的一致性。但当综合考察时，各层次的非一致性仍有可能积累起来，引起最终分析结果较严重的非一致性。

设 B 层中与 A_j 相关的因素的成对比较判断矩阵在单排序中经一致性检验，求得单排序一致性指标为 $CI(j)$，$j = 1$，$\cdots$，m，相应的平均随机一致性指标为 $RI(j)$（$CI(j)$、$RI(j)$ 已在层次单排序时求得），则 B 层总排序随机一致性比例为：

$$CR = \frac{\sum\limits_{j=1}^{m} CI(j) a_j}{\sum\limits_{j=1}^{m} RI(j) a_j} \qquad (4-38)$$

当 $CR < 0.10$ 时，认为层次总排序结果具有较满意的一致性并接受分析结果。

4.2.4.2　概率论与可靠度分析方法

该方法认为采空区失稳是多种因素综合作用下的概率事件，概率越高，采空区稳定性越差，反之则稳定性较好。运用概率论方法分析事件发生的概率，可以进行采空区安全和可靠度评价。

概率论与可靠度分析法认为影响采空区稳定性的因素具有随机性和变异性，如采空区岩体质量、地下水状况及采空区空间形态等是具有一定概率分布的随机变量，通过现场调查，运用数理统计方法可求出它们各自的概率分布及其特征参数，建立采空区稳定性分析的功能函数，进而求解出采空区失稳概率和稳定性可靠指标。该方法在建筑结构设计中得到了深入的应用，形成了建筑结构随机可靠性理论。

采空区稳定性的不确定性主要来源于以下几点：

（1）采空区岩体经过长时间的地质作用，内部存在大量的节理裂隙，而且随着地质起源、地质历史及环境条件而改变，常常存在地区及岩层上的差别。岩体天然节理裂隙的分布具有随机分布的性质，随着开采的进行，会进一步加剧这种随机性。进行采空区稳定性研究的时候，往往只能通过有限个试样的测试结果的概率统计分析来判断和预估。

（2）在进行采空区岩体试样的加工及测试时，需要控制的边界条件、初始条件和加荷条件都比较复杂，实施困难，结果往往与实际存在较大的差别，不能准确地反映真实情况。

（3）采空区赋存环境复杂，同时受到原岩及次生应力场、渗流场和温度场的影响。原岩应力场的分布虽然有一定的规律可循，但是对不同的地区及高度存在较大的差异，也只能通过有限的测点数据进行推测，而后续开采形成的次生应力场往往没有固定规律。渗流场与温度场的分布则呈现较大的地域差异，往往受到气候等外部环境的影响，呈现较大的随机特性。

（4）采空区最终的形态往往由矿体的空间地质形态决定，而矿体的形态则由地质作用决定。在长期的地质作用中，由于起源、历史及环境的不同，矿体的形态及条件差异很大，呈现较大的随机特性。

概率论与可靠度分析方法最本质的一点就是试图定量的考虑影响采空区稳定性因素的各种不确定性，从而建立采空区失稳概率函数及可靠度功能函数。

采空区失稳的可能性称为失效概率，以 P_f 表示，反之稳定的概率就是可靠度，用 P_s 表示，则有 $P_s = 1 - P_f$。

进行采空区稳定可靠度分析时，最重要的是得到采空区失效概率，并将失效概率限制在合理的范围之内。因此首先要明确采空区的工程特点，规定"可靠"与"失效"之间的界限，当采空区稳定性处在这个界限的时候，就认为采空区处于稳定极限状态，相应的功能函数极限状态方程为：

$$Z = g(x_1, x_2, \cdots, x_n)$$

方程式中 Z 表示采空区功能（状态），$g(x_1, x_2, \cdots, x_n)$ 为功能（状态）函数，其中的 x_i 是描述功能（状态）的各个自变量。$Z < 0$ 的概率即为失效（失稳）概率 P_f，可用下式表达：

$$P_f = \iint \cdots \int f_x(x_1, x_2, \cdots, x_n) \, dx_1, dx_2, \cdots, dx_n$$

由于得到各随机变量的概率分布以及联合分布较难，多维积分求解也较困难，因此需要对上述计算公式进行数学简化，通常采用一次二阶矩阵法求解可靠度，常用的是 Hasofer 和 Lind 提出的不变二阶矩法。考虑相关情况下的可靠度指标求解方法一般有正交变换后按一次二阶矩计算方法、改进的验算点一次二阶矩计算方法、Montecarl 数值模拟方法及优化求解法。

4.2.4.3　灰色系统理论

灰色系统理论是学者邓聚龙于 1982 年创立的一种新理论，是现代控制理论中一个新的领域。采空区稳定性分析与评价通常面临数据不全面的困扰，采空区岩体的复杂性和试验数据的缺少难以覆盖采空区岩体结构和性质在分布上的不均匀性，大量的相关信息无法揭露，隐藏在采空区岩体的变形和破坏的表面现象之中。所谓灰色系统就是既包含已知信息，又含有未知的不确切的信息，以"灰色、灰关系、灰数"为特征，研究介于"黑色"（完全未知系统）和"白色"（已知系统）之间的事件的特征。灰色系统理论经过近 20 年的研究和发展，在许多领域得到了应用。

从系统角度来说，采空区稳定性评价是一个多因素、多层次、多目标的相互联系、相互制约的系统工程，其分析过程是由许多错综复杂的关系所组成的灰色动态过程；包括采空区岩体、赋存环境、结构形态等大量的信息网络，具有明显的灰色性质，是一个典型的灰色系统。采空区稳定性分析具有如下的"灰色"特征：

（1）分析系统层次的灰色特征——复杂性。采空区稳定性分析中有很多灰色层次，每一个层次又由灰元或灰因素构成，并以灰关系连接，使采空区稳定性分析形成一个多因素在多层次环节中具有多能、纵横交错的复杂的灰色立体系统。

（2）分析系统结构关系的灰色特征——模糊性。采空区稳定性分析系统虽然有采空区这个物理原型，但是其状态往往难以精确地进行定量描述。采空区稳定性分析系统内部各因素之间，如水文地质条件与采空区岩体之间、子系统之间、上下层次之间以及与整个系统之间，相互交叉的种种关系是复杂的，模糊的，难以量化描述的。在稳定性分析过程中，当稳定性实际状态被某种因素干扰时，采空区失稳的直接原因与间接原因、次要原因与关键原因等的区分常常是困难的。系统结构的这些模糊性，决定了分析的灰色性。

（3）分析系统动态变化的灰色特征——随机性。采空区稳定性分析系统是个变化发展的动态系统，影响采空区稳定性的各种因素随时都在改变自身状态，且这种变化往往是随机的。采空区稳定性分析系统的这种随机性，增加了人们认识的灰色性，这就难以有足够的信息来描述和掌握稳定系统的发展规律，使系统难以控制。

（4）分析系统因素数据的灰色特征——不确定性。

在采空区稳定性分析过程中，很多因素的数据都是灰色区间值的白化值，如年均降水量、采空区顶板平均暴露面积及采空区周围平均爆破频率等，各种统计、观测数据，由于人为因素、技术方法等的影响，可能存在各种误差或短缺。所以，任何一个采空区稳定性评价结论都是一个灰数。

灰色系统理论在采空区稳定性灰色分析中，有多方面的应用，主要表现在以下方面：

（1）采空区稳定性因素灰色关联分析。灰色关联分析通过求解因素的灰色关联度，来分析稳定性影响因素间的关系，进行以下分析：1）多方位综合分析影响采空区稳定性因素间的关系；2）进行采空区治理成本的灰色关联分析，为采空区事故处理提供全面、科学的依据。

（2）采空区稳定性灰色预测。灰色预测包括 5 个方面，可应用到采空区稳定性时间和空间的预测，各有优点与特色。数列预测，简单易行，可直接应用于反应采空区稳定性特征的因素发展态势的预测；灾变预测，可预测采空区失稳出现的时间；季节灾变预测，可分析雨季和旱季采空区出现失稳灾变的预测；拓扑预测，可用来预测采空区未来总的稳定状态，能够较全面地了解采空区稳定状态发展过程；系统预测，可将影响采空区稳定性因素的所有指标一起预测，观察影响采空区稳定性的主要因素变量间相互关系的发展态势，预测影响采空区稳定性主导因素的作用变化。

（3）采空区稳定性安全评价。灰色安全评价方法主要有两种，分别为灰色关联度分析法及灰聚类安全评价。灰色关联度分析法简单易行，但只能进行采空区稳定性程度的划分，而不能分类。灰聚类安全评价可以较好地解决分类问题，且能综合评价采空区稳定状况，是一种有效的定量安全评价方法，但是数学过程比较复杂。

（4）采空区事故管理的灰色决策。运用灰色局势决策理论，对采空区安全管理的宏观决策、控制重点工作决策及事故预防方案决策做出定量的科学决策。

（5）采空区事故的灰色控制。通过分析以往采空区事故造成的损失数据，寻找现在采空区事故灾害的发展变化规律，并按照已掌握的规律，预测事故可能造成的伤害情况，采取相应的控制对策。这种灰色控制可以做到防患于未然，达到及时控制的目的。

采用灰色系统理论对采空区稳定性进行研究，最重要的就是建立一个合理准确的适用性灰色模型，就是用观测所得的数据序列 $X^{(0)}$ 拟合出适用的灰色模型。建模的主要内容包括数据的检验及预处理、模型形式的选取、模型参数估计、模型精度检验及其预测值精度评估等流程。

由于灰色系统理论建模时一般是针对离散数列，需要离散函数满足光滑性，以保证数列符合灰指数规律，因此要求离散数列为光滑离散函数。对此可用下式进行判断（假设 $X^{\{0\}}$ 为非负离散函数，若出现负数，则应进行正处理）：

$$X^{\{0\}} = \{X^{\{0\}}(k) \mid k = 1, 2, \cdots, n\}$$

令 $\left[X^{\{0\}}(k) - \sum_{i=1}^{k-1} x^{\{0\}}(k) \right] / x^{\{1\}}(k-1) = \varepsilon_k$，当 $k \geq 3$ 时，$\varepsilon_k = \{\varepsilon_3, \varepsilon_4, \cdots, \varepsilon_n\}$ 是递减数列，且 $0 \leq \varepsilon_3 < 1$，当 n 足够大时，该数列收敛于 0，则称 $X^{\{0\}}$ 为光滑离散函数。若 $X^{\{0\}}$ 不是光滑离散函数，则需进行多次 AGO 处理。

利用离散数据序列建立近似的微分方程模型，形成灰色系统模型。灰色系统模型一般简记为 GM（Grey Model）模型。常用的模型包括基本 GM(1, 1)模型、残差 GM(1, 1)模型、新陈代谢 GM(1, 1)模型及 Verhulst 模型，可根据不同的数据特点选用。

另外，在模型选定后，一定要经过检验，通过检验的模型才能用来预测分析等。一般的检验方法包括残差大小检验法、关联度检验法及后验差检验法。

4.2.4.4　人工智能与专家系统

人工智能产生于 20 世纪 50 年代，是研究如何利用计算机认识问题及解决问题的学科。专家系统是人工智能应用领域的一个重要分支，一方面它是人工智能的理论和方法的应用环境，另一方面它的研究和发展又不断丰富和发展了人工智能。

所谓专家系统，就是通过智能计算机程序，运用知识和推理进行知识分析、处理、不确定性推理分析复杂问题并给出合理的建议和决策等。在岩石力学领域，可进行如岩土（石）分类、稳定性分析、支护设计、加固方案优化和选取等研究。

在进行采空区稳定性分析与评价时，专家系统利用计算机的优势，可进行大量记忆的专家评价、专家诊断等工作，为技术人员进行采空区稳定性评价提供了便捷性，不仅可提高采空区安全控制及管理水平，而且为促进采空区安全管理信息系统的智能化奠定了重要基础。专家系统通常由知识库、知识获取机制、全局数据库、推理机、解释机制及人机界面 6 部分组成。

采空区稳定性分析具备了专家系统的工作特点，主要表现在以下方面：

（1）可推理性。采空区在形成的过程中，因矿体、地形、岩层结构等差异而表现出自身结构的多样性，其稳定性影响因素有着不同的作用方式，进行稳定性的判定需要逻辑性较强的专业经验，而专家系统能够对这些经验进行有效归纳，因而专家系统与采空区稳定性分析工作具有不确定经验的可推理性。

（2）可对应性。采空区结构的构成元素，如采空区高度、跨度、顶板暴露面积、倾角等，具有确定性，专家系统全局数据库能够精确记录这些技术参数，通过初始模式、原始证据推理得到中间结论以及最终结论，因此，采空区稳定性分析工作具有专家系统中的确定性参数的系统映射关系。

（3）可调整性。影响采空区稳定性因素的不确定性往往导致采空区事故作用过程具有随机性，属于有序与无序的统一体。专家系统在判断过程中，其启发式提问对知识顺序进行整合，也具有有序提问与重点关注交叉进行的过程，因为专家系统与采空区稳定性分析具有对问题条件的相互适应性。

（4）可发展性。随着开采施工的进行及采空区放置时间的增加，安全性会因采空区围岩状况的变化、周围应力场等的变化而变化，使稳定要素组成发生各种改变，具有动态开放性。专家系统自学机制可根据对象变化和经验变更而进行相应的调整与提升，可扩充新的信息知识，不断完善系统结构，具有对主体发展的开放性。

采空区稳定性分析的上述特点决定了人工智能及专家系统可有效地应用并进行采空区稳定性分析工作。

专家系统的基础是大量已有的数据或专家已有经验，即知识库，在此基础上形成推理机，因此知识库是整个专家系统的关键。在进行知识库构建时，应尽可能地全面涵盖有关采空区稳定性的技术资料及标准等，并及时进行维护和更新。

推理机是专家系统的核心组成之一，主要是利用知识库的稳定知识，进行一系列的推理，最终得出采空区稳定性评价结论。推理机的成功与否直接关系到专家系统的性能。

4.2.4.5　神经网络方法

神经网络方法试图模拟人脑神经系统的组织方式来构成新型的信息处理系统，通过神经网络的学习、记忆和推理过程（主要是学习算法）进行信息处理。

采空区稳定性分析是一个多系统、多层次的复杂系统，常有很多因素穿插在复杂的分析工作中，既含有确定性因素，又包含不确定性因素，准确地确定采空区的稳定性，往往较困难。

采空区稳定性分析，往往会遇到如下问题：

（1）各因素建立的关系绝大多数为非线性关系，且很难定量地反映这种关系；

（2）信息来源不完整，评价标准往往会出现矛盾，有时甚至无条理可循；

（3）各影响因素间的相互关系难以确定，更无法用定量关系式表达它们之间的权重分配。

模糊数学、灰色系统理论及专家系统等方法通过一定模式使采空区稳定性分析过程规范化、科学化，适用于定性与定量因素相结合的评价问题，但是这些方法往往受到主观因素等不利因素的影响。

由于人工神经网络系统具有强大的非线性处理能力，因此可以有效地解决上述问题，当分析采空区信息含糊、不完整等时，人工神经网络可以有效地进行应用并进行准确的分析。人工神经网络具有自学能力，使知识的获取工作成为网格

的变结构调节过程，从而大大提高了知识的记忆和提取能力。通过对已有采空区
分析实例及其评价结构的学习，可获得隐含其中的人的经验、知识及对各目标重
要性的看法等直觉思维，从而可为后续的
采空区稳定性分析提供经验，做出合理
判断。

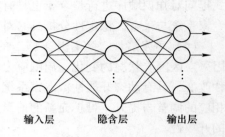

目前，神经网络技术发展迅速，其中
又以 BP 神经网络模型运用最为广泛。BP
网络结构模型主要由输入层、隐含层和输
出层组成，其中隐含层可以为一层，亦可
以是多层，如图 4 - 7 所示。

输入层   隐含层   输出层

图 4 - 7   BP 神经网络结构示意图

神经网络结构确定后，需要通过给定
的输入和输出样本进行训练，对网络的权值和阈值进行修正及学习。学习过程分
为两个阶段，首先是输入已知学习样本，通过设置的网络结构和前一次迭代的权
值和阈值，从网格的第一层向后计算各神经元的输出；其次是对权值和阈值进行
修正，从最后一层向前计算各权值和阈值对总误差的影响，据此进行修正。两个
过程交替进行，直到达到设定精度。计算过程如下：

（1）正向传播过程。

输入层：节点 i 的输出值 O_i，等于其输入值 x_i；

隐含层：节点 j 的输入值 net_j 和输出值 a_j 分别为：

$$net = \sum_i w_{ji} O_i + \theta_j, a_j = f(net_j)$$

式中 θ_j——隐含层节点 j 的阈值。

输出层：节点 k 的输出值 net_k 和输出值 y_k 分别为：

$$net_k = \sum_i v_{kj} a_j + \theta_k, y_k = f(net_k)$$

式中 θ_k——输出层节点 k 的阈值。

（2）反向传播过程。

定义误差函数为：

$$E_p = \frac{1}{2} \sum_k (t_k - y_k)^3$$

式中 t_k，y_k——分别为输出层节点 k 的期望输出和实际输出。

BP 学习算法采用梯度下降法调整权值，输出层与隐含层之间的权值 v_{kj} 的调
整量为：

$$\Delta v_{kj} = -\eta \frac{\partial E_p}{\partial v_{kj}} = \eta \delta_k a_j$$

$$\delta_k = y_k(1 - y_k)(t_k - y_k)$$

式中 η——学习速率或步长。

对于隐含层与输入层之间的权值 w_{ji}，每次的调整量为：

$$\Delta w_{ji} = -\eta \frac{\partial E_P}{\partial w_{ji}} = \eta \delta_j a_i$$

式中，$\delta_j = a_j(1-a_j)\sum\limits_k \delta_k v_{kj}$。同理，可对阈值 θ 进行调整和修正。

采用 BP 神经网络进行采空区稳定性分析时，输入层主要来自于采空区稳定性影响因素，通过分析影响因素的重要情况，以及数值参数的获取情况，筛选出一定数量的指标作为输入层。输出层则为采空区稳定性的分级结果。对于隐含层的神经元数目确定，目前还没有可靠的方法实现，通常采用经验法和试算结合确定。相关研究表明，一个 3 层的 BP 神经网络能够实现任意的非线性映射，增加隐含层则会造成网络复杂，计算时间加大。

上述采空区稳定性分析方法各有优点，也各有缺点。数值模拟技术以其成熟的理论、准确高效的计算速率得到了极大的发展。但是数值模拟技术解决问题的能力往往受制于建模技术的发展，数值模型能否准确地反映采空区的实际形态，决定了最终的分析结果是否准确。近年来大量先进技术的应用，大大地促进了建模的准确性。如采空区精细探测技术，采用三维激光扫描技术可准确地获得采空区的几何边界，通过后期处理及接口程序，实现了数值计算模型的精确构建，大大提高了采空区稳定性分析的准确性。

4.3 采空区处理技术

采空区稳定性控制与处理是防止采空区灾害发生的关键环节。采空区形成之后往往要存在较长时间，在不同时期，采空区的稳定状态是不同的。不同的稳定状态，采空区系统内各要素状态值存在较大差异，因此，需采取针对性控制措施，才能最有效地防止采空区灾害事故的发生。

根据采空区的结构特点，目前的处理措施主要是针对采空区的顶板及矿柱，通过控制顶板的位移、缓解矿柱应力集中等，达到控制采空区稳定性的目的。根据处理方式的不同，目前主要的措施包括保留永久矿柱、充填处理采空区、崩落法处理采空区、封闭采空区及联合处理法。

4.3.1 保留永久矿柱

通过留设永久矿柱可以有效地减小采空区顶板的暴露面积，从而控制顶板岩体的位移，缓解矿柱中的应力集中。该方法一般应用于围岩稳定性较好的采空区，但该方法不能从根本上消除采空区灾害的发生，且在留设矿柱的时候造成了矿量的损失。由于采空区赋存环境的特殊性和复杂性，采空区岩体始终处于缓慢变形中，因此随着时间的增加，采空区的稳定状态始终处于变化中，在进行矿柱设计时，应充分掌握采空区围岩性质及周围的环境变化。

留设矿柱工艺简单，是最早得到应用的控制措施，相关理论研究较早，Danieis 最先开展了矿柱强度的理论研究，之后 Bunting 提出了矿柱强度经验公式。随着矿业的急剧发展，有关矿柱和顶板的理论得到了极大的丰富和发展。但由于实际条件的复杂性和不可确定性，矿柱尺寸与数量的理论计算通常要进行简化，根据经验确定标准，缺乏系统的理论研究。

4.3.2   充填处理采空区

充填处理采空区是将充填料浆或废石送入采空区内部，并填充密实，以达到控制岩层移动，缓解应力集中的目的。充填法是目前矿山控制采空区稳定性最重要的方法之一，也是最有效的措施。该方法适用于采空区的各个阶段，可有效地抑制岩层变形，但通常在采空区形成之初的应用效果最好，需要充分掌握充填材料与采空区围岩之间的相互作用机理。关于充填体与围岩的相互作用机理，国内外学者进行了大量研究，取得了丰富的成果。

首先，充填体对围岩起到了有效的支护作用，从多方面给予岩石支撑力；其次，充填体与围岩表面接触，提供了一定的侧向压力，限制了围岩的变形，另外充填料浆会沿着裂隙进入岩体内部，使岩体强度得到了增强，间接抑制了围岩的变形；第三，从能量角度看，充填体弹性模量远远小于岩石，更容易发生变形，因此更易吸收和消耗能量，从而可以减少周围采动对围岩的扰动，达到控制采空区稳定性的目的。

虽然采空区充填理论取得了大量的成果，但仍有较多问题需要解决，如采空区不同稳定阶段充填体强度匹配及高阶段充填体非线性力学性质等，目前均未达成统一的认识，理论研究滞后于工程实际应用。

4.3.3   崩落法处理采空区

该方法通过崩落采空区的围岩，达到应力释放并充填采空区的目的，当采空区稳定性较差，且地表允许较大位移时，可以采用崩落法进行处理。崩落法分为自然崩落和强制崩落。自然崩落通常适用于围岩条件较差，可自行垮落的采空区。该方法工艺简单，在对地表移动要求不高的矿山得到了较多应用。

李俊平采用强制崩落的方法处理了采空区，具体方式为局部切槽放顶控制爆破，保证了周围采场的安全。任凤玉在桃冲铁矿成功应用诱导采空区顶板自然冒落，达到了处理采空区的目的。

4.3.4   封闭采空区

封闭采空区是通过将采空区主要通道口封堵，实现采空区隐患的治理。该方法主要用于防止采空区顶板突然冒落产生巨大冲击浪，对周围产生危害。当采空区围岩状态较好，且能保持长期稳定，顶板暴露面积较小时，可采用封闭的方法进行处理，对于顶板暴露面积较大的采空区，通常需要在采空区顶板布置天窗等。该方法工艺简单，无需进行深入的研究，因此应用实践较早。

对于体积较小的采空区，该方法可以起到较好的控制效果，但对于厚大矿体形成的大面积采空区，则不能起到很好的防护作用，往往还要配合其他方法，如充填法、崩落法等。

4.3.5 联合处理法

联合处理法是同时应用上述方法中的两种或两种以上，对采空区进行联合处理。根据采空区所处的状态，综合选用上述方法进行配合，可有效地控制采空区的稳定性，这也是目前较常用的方法。

目前联合法主要包括留矿柱－充填、崩落－封闭、充填－封闭及崩落－充填等，经过多年的实践，上述方法取得了广泛的应用。盘古钨矿首次应用了留矿柱－充填联合处理方法，有效控制了顶板岩层的移动。我国铜陵等矿山成功应用了崩落－封闭联合法。俄罗斯国家有色研究设计院成功试验了崩落－充填联合法，有效地控制了采空区稳定性，同时又节约了充填成本。

上述采空区处理方法，适用于采空区不同的稳定阶段，只有正确掌握采空区所处的稳定状态，才能采取有效的针对性措施。而目前处理方法的选择和制定往往是在工程经验的基础上进行的，缺乏必要的前期研究。

5　金属矿采空区稳定性分析工程实例

5.1　空场法房柱式采空区稳定性分析

5.1.1　工程背景

5.1.1.1　矿山开采概况

石人沟铁矿位于河北省遵化市西北 10km，东南距唐山市 90km。准轨铁路专用线直达钢铁公司，有公路与京沈高速公路唐山西外环出口相通，距离 60km，交通便利。

石人沟铁矿于 1975 年 7 月建成投产，是一个采选联合企业，一期工程为露天开采，设计规模 150 万吨/年，矿山最终产品为单一铁精矿。矿山经过近 30 年的生产，目前露天开采已结束，形成南北长 2.8km，东西宽 230m 的露天采坑。矿区露天采场由南向北分为三个采区，以勘探线作为采区边界线，28～18 线为南区，18～8 线为中区，8 线以北为北区。2003 年露天开采结束后转入地下开采，地下采场以 16 线为界分为南北两个采区。一期开采主要集中在 -60m 中段水平，采用的采矿方法以浅孔留矿法为主，分段空场法为辅，年产量约 130 万吨/年。经过近 10 年的开采，在 -60m 水平形成了大量采空区，数量达 130 多个，体积超过了 200 万立方米，单个采空区最大超过 4 万立方米。这些采空区大小不一，形态各异，且有的放置时间已超过 2 年，另外还存在大量的非法民采采空区，在 -60m 水平形成了一个巨大的采空区群，严重影响了矿山的安全生产。

该矿矿块布置方式为：厚矿体采用垂直矿体走向布置矿块，矿块宽 28m，矿块长为矿体厚度，中段高度 44m，顶柱高度 6m，底柱高度 8m，间柱宽度 8m。沿矿体走向布置的矿块长 50m，矿块宽为矿体厚度，中段高度 44m，顶柱高度 6m，底柱高度 8m，间柱宽度 8m。薄矿脉浅孔留矿采矿法矿块长 50m，沿矿体走向布置，矿块宽度同矿体厚度，中段高度 44m，顶柱高度 6m，底柱高度 6m，间柱宽度 8m。采矿方法的矿块构成要素如表 5-1 所示。

表 5-1　矿块构成要素

序号	构成要素	单位	垂直走向布置浅孔留矿采矿法	沿走向布置浅孔留矿采矿法	薄矿脉浅孔留矿采矿法
1	矿块长度	m	矿体厚	50	50

序号	构成要素	单位	垂直走向布置浅孔留矿采矿法	沿走向布置浅孔留矿采矿法	薄矿脉浅孔留矿采矿法
2	矿块宽度	m	28	矿体厚	矿体厚
3	中段高度	m	44	44	44
4	顶柱高度	m	6	6	6
5	底柱高度	m	8	8	6
6	间柱宽度	m	8	8	8

5.1.1.2 开采技术条件

A 矿体条件

本矿区主要有五层矿，即 M0、M1、M2、M3 和 M4 矿体，呈南北向分布在花椒园北负 2 线至龙潭南 30 线间，全长约 3600m。矿体内夹层为黑云母角闪斜长片麻岩、含铁斜长片麻岩、磁铁石英岩及中基性岩脉。

B 围岩条件

矿区内出露地层主要为下太古界迁西群马兰峪组片麻岩系，主要为中细粒紫苏黑云母角闪斜长片麻岩、角闪斜长片麻岩、黑云母角闪斜长片麻岩等。其中整个矿体的底板为黑云母角闪斜长片麻岩、花岗片麻岩、黑云母角闪斜长片麻岩夹零星磁铁石英岩透镜体，该层为 M1 矿体底板。

磁铁石英岩、角闪斜长片麻岩为含矿层，几条矿体均产于此层中，磁铁石英岩呈似层状、透镜状产出。黑云母角闪斜长片麻岩、角闪斜长片麻岩为矿层的顶板。主要围岩的物理力学性质如表 5 - 2 所示。

表 5 - 2 岩石物理力学性质

岩石名称	块体密度 /g·cm^{-3}	抗压强度 /MPa	抗拉强度 /MPa	抗剪参数		变形参数	
				内聚力 c/MPa	内摩擦角 φ/(°)	弹性模量 /MPa	泊松比
M1 矿体	3.58	99.44	11.95	21.83	48.36	8.03×10^4	0.21
M2 矿体	3.46	130.77	10.52	23.67	53.33	7.59×10^4	0.20
黑云母角闪斜长片麻岩	2.74	141.58	14.37	27.54	55.08	6.98×10^4	0.26

C 矿区构造

矿区为一单斜构造。片麻理走向一般近南北向，向西倾，倾角 50° ~ 70°。北部石人山附近，由于受 F10 断层的牵引，走向偏向北西，向南西倾，倾角较陡。矿体产状与片麻理一致。

D　矿区水文地质

矿区范围内，水系不甚发育，仅在东西两侧各有一条季节性小河，其流量季节性很强。如张庄子西河，最大洪峰流量可达 14500m³/h，而枯水期流量仅 346m³/h。降雨多集中在七、八、九 三个月，历年平均降雨量787.25mm，历年一日最大降雨量343.1mm。

5.1.2　采空区稳定性影响因素分析

综合分析石人沟铁矿开采技术条件可知，矿区围岩较单一，质量较好，硬度大，节理裂隙不发育，对采空区的稳定性非常有利，另外矿区内断层较少，地下水量小，不会对采空区稳定性造成影响。通过对放置时间较长的采空区的实地观察，部分采空区稳定状况仍良好，有少量的片帮和顶板冒落现象。处在地下水较发育矿段、附近存在非法采空区或周围采动较频繁时，采空区稳定性往往较差。另外，采空区的几何结构也对其稳定性造成了一定影响。

综上所述，石人沟铁矿采空区稳定性的影响因素主要可分为水文地质因素、采空区岩体质量、空区自身参数、其他工程因素 4 个指标集。

根据石人沟铁矿采空区的实际状况，在进行稳定性分析时，采用理论分析法、模糊综合评判法及数值模拟技术三种手段，对采空区稳定性进行了全面的研究。下面进行一一介绍。

5.1.3　基于莫尔-库仑准则的采空区稳定性理论分析

如图 5-1 (a) 所示，由莫尔-库仑准则得，在 ab 平面内，剪切强度公式为：

$$\tau = c + \sigma_n \tan\varphi \tag{5-1}$$

式中　c——内聚力；

　　　σ_n——垂直于 ab 平面的法向应力；

　　　φ——内摩擦角。

由应力转换方程可得：

$$\sigma_n = \frac{1}{2}(\sigma_1 - \sigma_3) + \frac{1}{2}(\sigma_1 - \sigma_3)\cos2\beta \tag{5-2}$$

$$\tau = \frac{1}{2}(\sigma_1 - \sigma_3)\sin2\beta \tag{5-3}$$

综合式 (5-1)~式 (5-3) 可得出任意 β 角的平面上极限应力为：

$$\sigma_1 = \frac{2c + \sigma_3\sin2\beta + \tan\varphi(1 - \cos2\beta)}{\sin2\beta - \tan\varphi(1 + \cos2\beta)} \tag{5-4}$$

根据图 5-1 (b) 中的莫尔圆，极限破坏平面的方向可由下式得出：

$$\beta = \frac{\delta}{4} + \frac{\varphi}{2} \qquad (5-5)$$

由于 $\sin2\beta = \cos\varphi$，$\cos2\beta = \sin\varphi$，式（5-4）可简化为：

$$\sigma_1 = \frac{2c\cos\varphi - \sigma_3(1+\sin\varphi)}{1-\sin\varphi} \qquad (5-6)$$

主应力 σ_1 和 σ_3 的线性关系表示在图 5-1（c）中，其强度包络线与 φ 相关，如下式：

$$\tan\psi = \frac{1+\sin\varphi}{1-\sin\varphi} \qquad (5-7)$$

单轴抗压强度 σ_c 和单轴抗拉强度 σ_t 与 c 和 φ 的关系为：

$$\sigma_c = \frac{2c\cos\varphi}{1-\sin\varphi} \qquad (5-8)$$

$$\sigma_t = \frac{2c\cos\varphi}{1+\sin\varphi} \qquad (5-9)$$

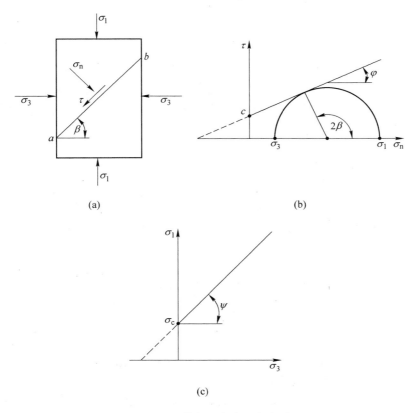

(a)　　　　　　　　　　　　　(b)

(c)

图 5-1　莫尔-库仑强度准则

（a）平面 ab 上的剪切破坏；（b）剪切和法向应力的强度包络线；（c）主应力的强度包络线

已知 $c = 2.38\mathrm{MPa}$，$\varphi = 46°$，计算得 $\sigma_c = 11.77\mathrm{MPa}$，$\sigma_t = 0.942\mathrm{MPa}$。

5.1.3.1　采空区顶板稳定性分析

采空区顶板即为设计的矿房顶柱，可假设为两端简支梁，其受力分析如图5-2所示。根据材料力学，岩梁中性轴上、下表面上任意一点的应力为：

$$\sigma(x) = \gamma\sin\alpha(2x - L)/2 \pm 3\gamma x(x - L)\cos\alpha/h \qquad (5-10)$$

式中　α——矿体倾角，(°)；

　　L——岩梁跨度，m；

　　h——岩梁高度，m；

　　γ——岩体堆积密度，$10^4\mathrm{N/m^3}$。

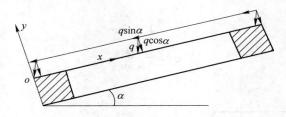

图5-2　岩梁受力分析简图

通常矿柱间距等于顶板最大允许跨度。充分开采时，采场顶板可假设成一组简支梁，其受力分析如图5-3所示。根据材料力学，可分别求出一次到多次静不定问题的顶板最大允许跨度值。

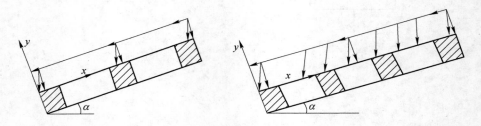

图5-3　简支梁受力分析简图

由上述分析知，最大拉应力发生在 $x = L/2 + h\tan\alpha/6$ 处岩梁中性轴的下表面，最大拉应力为：

$$\sigma_{\max} = 3\gamma L^2\cos\alpha/(4h) - h\gamma\tan^2\alpha\cos\alpha/12 \qquad (5-11)$$

因此，顶板倾向的最大允许跨度为：

$$L_{qy} = [4h\sigma_t/(3\gamma\cos\alpha) - h^2\tan^2\alpha/9]^{1/2} \qquad (5-12)$$

考虑到石人沟铁矿矿块布置方式多数为沿走向布置两个矿块，顶板沿走向的最大允许跨度为：

$$L_{sp} = L_{qy} \big| (\alpha = 0°) = [4h\sigma_t/(3\gamma)]^{1/2} \qquad (5-13)$$

式中 σ_t——岩体抗拉强度。

则由式（5-13）得采空区顶板围岩承受的拉应力为：

$$\sigma = \frac{3L^2 r}{4h} \qquad (5-14)$$

式中 σ——采空区顶板围岩承受的拉应力；

L——采空区跨度；

h——采空区的高度。

取体积最大的南采区北端 3 号（简记为 NCB-3）采空区，计算其顶板稳定性。首先在 3DMine 软件中打开 NCB-3 采空区的实体模型，通过将实体模型投影在平面的方法，结合采空区的形状，确定采空区的跨度 $L = 51.9\text{m}$ 和高度 $h = 37.5\text{m}$，然后将数据代入式（5-14）得：

$$\sigma = \frac{3L^2 r}{4h} = \frac{3 \times 51.9^2 \times 2.74}{4 \times 37.5} = 1.48\text{MPa}$$

计算得出 NCB-3 采空区顶板所受的拉应力 $\sigma = 1.48\text{MPa} > \sigma_t = 0.942\text{MPa}$，所以 NCB-3 采空区顶板不稳定。

同理可得所有采空区顶板稳定性理论计算结果，如表 5-3 所示。

表 5-3　采空区顶板稳定性理论计算结果

采空区编号	采空区跨度/m	采空区高度/m	顶板拉应力/MPa	顶板抗拉强度/MPa	顶板稳定性情况
BFZ-2	38.670	31.520	0.975	0.942	不稳定
BFZ-3	26.640	13.250	1.101	0.942	不稳定
BFZ-6	47.100	18.400	2.478	0.942	不稳定
BFZ-8	50.210	39.920	1.298	0.942	不稳定
BFZ-9	44.800	45.290	0.911	0.942	较稳定
CSJ-1	22.420	36.820	0.281	0.942	稳定
CSJ-2	33.140	14.200	1.589	0.942	不稳定
CSJ-3	43.040	23.620	1.612	0.942	不稳定
CSJ-4	38.910	30.570	1.018	0.942	不稳定
CSJ-5	34.830	36.880	0.676	0.942	稳定
CSJ-6	19.210	17.320	0.438	0.942	稳定
CSJ-7	27.280	39.030	0.392	0.942	稳定
CSJ-11	27.860	14.920	1.069	0.942	不稳定
F18N-10	30.440	17.660	1.078	0.942	不稳定

采空区 编号	采空区跨度 /m	采空区高度 /m	顶板拉应力 /MPa	顶板抗拉强度 /MPa	顶板稳定 性情况
F18N – 12	16.720	12.450	0.461	0.942	稳定
F18N – 13	19.560	13.220	0.595	0.942	稳定
NCB – 1	39.230	37.700	0.839	0.942	稳定
NCB – 3	51.900	37.500	1.476	0.942	不稳定
NCB – 10	23.880	30.250	0.387	0.942	稳定
NCB – 12	27.260	21.780	0.701	0.942	稳定
NCB – 17	45.170	39.410	1.064	0.942	不稳定
NCB – 19	26.480	32.870	0.438	0.942	稳定

注：规定拉应力小于 0.895MPa 的为稳定；拉应力在 0.895~0.942MPa 之间的为较稳定；拉应力大于 0.942MPa 的为不稳定。表中，BFZ 表示北分支采区，CSJ 表示措施井采区，F18N 表示 F18 断层南采区，NCB 表示南采区北端采区。

5.1.3.2　采空区矿柱稳定性分析

式（5 – 15）是强度公式的一般表达式：

$$P_s = K\left(A + B\frac{W^a}{h^b}\right) \tag{5 – 15}$$

式中　　P_s——矿柱强度，MPa；

$\quad\quad K$——与矿柱材料相关的强度常数；

$\quad\quad W$——矿柱宽度，m；

$\quad\quad h$——矿柱高度，m；

A，B——经验常数，A 与 B 之和为 1，在"尺寸效应公式"中，$A=0$，$B=1$；

a，b——经验幂指数，在"形状效应公式"中，$a=b$。

对一定岩石类型和一定形状（宽高比）的矿柱而言，按"形状效应公式"就会有一个恒定的强度，与矿柱尺寸的改变无关。"形状效应公式"有两种不同的关系式：第一种是矿柱应力与矿柱宽高比值呈线性关系；第二种是矿柱应力与宽高比值呈幂函数关系。对一定岩石类型和一定形状的矿柱而言，"尺寸效应公式"意味着矿柱强度随矿柱尺寸的增加而降低。该公式是一个变幂公式，公式中矿柱宽和高项上的幂是不同的。由于认为随着矿柱尺寸增加，其内部的结构数量增加，矿柱强度随其尺寸的增加而降低，因而采用了"尺寸效应公式"。然而，试验表明，对于边长大于 1.0~1.5m 的矿柱，其强度因尺寸的增加而降低的幅度可以忽略。

Hedley 和 Grant 在观测加拿大安大略省埃利奥特湖（Elliot Lake）铀矿区矿柱稳定性的基础上提出了矿柱强度公式。

矿柱强度已经利用矿柱宽高比和岩体强度的经验公式进行了评价，这里再将计算强度与预测强度相比较，以评价实际的或预计的矿柱特性。然而，常规的岩体强度方法（莫尔－库仑、霍克布朗）在确定试件强度时需对其施加围压。"强度公式"结合这两种方法，建立了一种考虑了矿柱"摩擦系数"和经验强度常数的"通用"强度公式，根据综合数据库中实例记载的最佳强度拟合曲线来确定经验常数。

这种方法与以前的那些方法一样，反映了影响矿柱强度的多项因素。其中包括现场岩体强度和矿柱形状，计算式为：

$$P_s = S_i S_k \qquad (5-16)$$

式中　P_s——矿柱强度，MPa；

　　　S_i——体现"尺寸效应"和完整矿柱岩石强度的强度项；

　　　S_k——体现矿柱"形状效应"的几何项。

"强度公式"的一般形式为：

$$P_s = (K\sigma_c)(C_1 + C_2 K_a) \qquad (5-17)$$

式中　K——岩体强度系数；

　　　σ_c——完整矿柱单轴抗压强度，MPa；

　C_1，C_2——经验常数；

　　　K_a——矿柱摩擦系数。

研究人员利用不同岩体破坏准则的数值模拟揭示，在矿柱中部的安全系数最先降至1以下。二维边界元模拟分析用来确定矿柱宽高比与"矿柱平均强度系数"之间的关系，其结果可用式（5-18）表示：

$$C_p = 0.46\left[\log\left(\frac{W}{h} + 0.75\right)\right]^{\frac{1.4h}{W}} \qquad (5-18)$$

式中　C_p——矿柱平均强度系数；

　　　W——矿柱宽度，m；

　　　h——矿柱高度，m。

"强度公式"中考虑了类似加大材料摩擦角这一因素，通过"矿柱平均强度系数"确定矿柱的摩擦效应。为了给出"矿柱平均强度系数"，可画出各种直径的莫尔图并求出有效的摩擦系数。随着矿柱平均强度系数（以及矿柱宽高比）提高，莫尔圆包络线斜率降低，致使摩擦系数减小。利用莫尔圆包络线斜率的互补值，即可得出"强度公式"中矿柱摩擦系数。式（5-19）是矿柱摩擦系数的计算公式：

$$K_a = \tan\left[\cos^{-1}\left(\frac{1-C_p}{1+C_p}\right)\right] \qquad (5-19)$$

式中　K_a——矿柱摩擦系数。

经验常数 C_1、C_2 是根据最接近综合数据库中记载的矿柱实例来确定的。

硬岩矿柱强度公式采用下式计算：

$$P_s = 0.44\sigma_c(0.68 + 0.52K_a) \qquad (5-20)$$

式中　σ_c——完整矿柱单轴抗压强度，MPa；

　　　P_s——矿柱强度，MPa。

目前国内外矿山设计中，矿柱安全系数普遍采用下式计算：

$$F_s = \frac{P_s}{\sigma} \qquad (5-21)$$

式中　F_s——安全系数；

　　　σ——作用在矿柱上的应力，MPa。

针对石人沟铁矿的具体情况，设计矿柱宽度 $W = 8m$，矿柱高度 $h = 27.5m$，则有：

$$C_p = 0.46\left[\log\left(\frac{W}{h} + 0.75\right)\right]^{\frac{1.4h}{W}} = 0.46\left[\log\left(\frac{8}{27.5} + 0.75\right)\right]^{\frac{1.4}{(8/27.5)}}$$

$$= 1.59 \times 10^{-9}$$

$$K_a = \tan\left[\cos^{-1}\left(\frac{1 - C_p}{1 + C_p}\right)\right] = 7.98 \times 10^{-5}$$

对于矿柱，$\sigma_c = 11.77MPa$，则有：

$$P_s = 0.44\sigma_c(0.68 + 0.52K_a) = 0.44 \times 11.77 \times (0.68 + 0.52 \times 7.98 \times 10^{-5})$$

$$= 3.522MPa$$

作用在矿柱上的应力为：

$$\sigma = \frac{F}{S} = \frac{mg}{S} = \frac{3.58 \times 10^3 \times (8 \times 28 \times 27.5 + 42 \times 30 \times 28 \times 0.333) \times 9.8}{8 \times 28}$$

$$= 3.222MPa$$

所以矿柱的安全系数为：

$$F_s = \frac{P_s}{\sigma} = \frac{3.522}{3.222} = 1.093 > 1$$

故设计矿柱是安全的，但是安全系数接近 1，因此处在安全的边界。

5.1.4 基于 CMS 实测的采空区稳定性数值模拟分析

5.1.4.1 模型构建

根据 CMS 实测得到的采空区精确的形状以及经过大型矿床三维建模软件 3DMine 处理后得到的相关数据文件，综合运用岩石力学及大型岩土工程数值模拟分析软件 FLAC3D 等手段，对石人沟铁矿 -60m 水平中段已经进行探测的采空区（群）进行了详细的分析。基于 CMS 实测的采空区群稳定性数值模拟分析的技术路线图如图 5-4 所示。

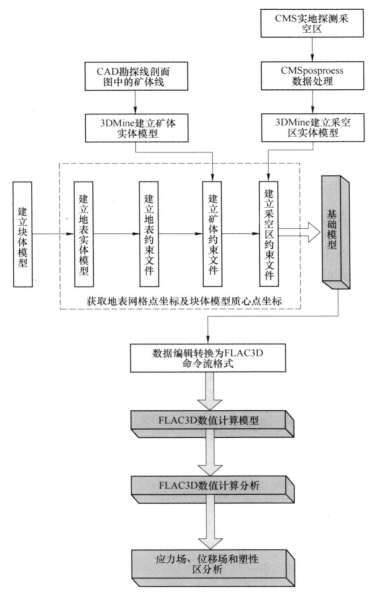

图 5-4 采空区群稳定性数值模拟分析技术路线图

采空区群稳定性数值模拟基础模型是在 3DMine 块体模型基础上形成的。3DMine 块体模型的构成单元为规则六面体。根据在 3DMine 中块体模型的构建方法以及本文对基础模型的要求，确定基础模型构建步骤如图 5-5 所示。

由于已测的采空区较分散，遍布全区，如果进行一次性分析则形成的单元数巨大，无法进行计算，故要根据采空区的分布情况进行分区分析。根据采空区的

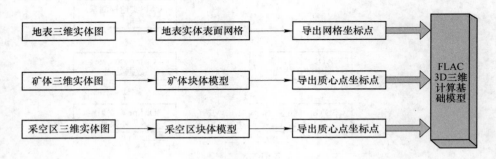

图 5 - 5   基础模型构建步骤示意图

分散程度、非法采空区的分布和计算机的实际计算能力，将已测采空区分为 8 个部分进行分析，分别为：

（1）措施井 2 ~ 12 号采空区，斜井采区的 1 ~ 4、39、40 号采空区，－60m 水平中段以上的非法采空区 FCK 1 ~ 4 号，总计 21 个采空区；（2）斜井采区 7 号采空区；（3）斜井采区 24 号采空区；（4）北分支采区 2、3、6、8、9 号采空区以及非法采空区 FCK 17 号；（5）南采区北端采区的 3、17、19 号采空区以及非法采空区 FCK 18 号；（6）南采区北端采区的 8、10 号采空区；（7）断层间采区的 1、3、6 号采空区以及非法采空区 FCK 22 号；（8）F18 断层南采区的 10、12、13 号采空区以及非法采空区 FCK 23 号。

数值计算模型的构建包括三个部分，分别为地表围岩模型、矿体模型及采空区模型，分别采用不同的方法进行。构建地表围岩模型需要获取地表表面网格点，将地表分成大小等均的矩形，这与 FLAC3D 中的六面体单元很类似，在建立整体的数值模型的时候，将地表网格点的高程点作为六面体 Z 值上限，通过不断的循环即可建立。构建矿体及采空区模型时，则需要通过 3DMine 软件获取对应块体模型的质心点坐标，通过坐标转换得到符合 FLAC3D 数据格式的文件，进而建立数值计算模型。最终的数值模型如图 5 - 6 所示。

5.1.4.2   计算分析过程

数值计算模型的力学计算参数以表 5 - 2 为基础，并进行适当折减，以适应实际情况。考虑 －60m 水平以上的非法采空区，开挖时首先开挖非法采空区，然后开挖 －60m 水平中段采空区。每个分析区域的计算流程如图 5 - 7 所示。

5.1.4.3   计算结果分析

本次数值模拟计算共对 8 个区域 30 多个采空区的稳定性进行了模拟研究，为节省篇幅，仅对第一个分析区域进行说明，包括位移分析、应力分析及塑性区分析。

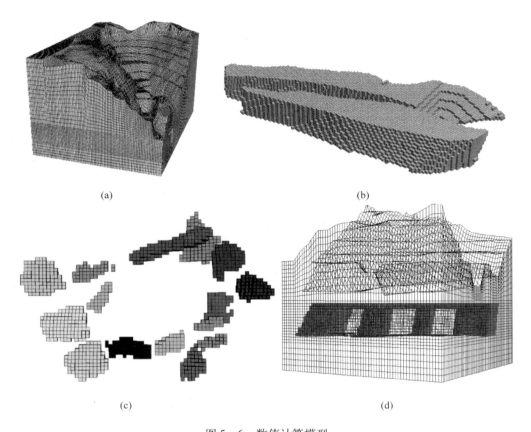

(a)

(b)

(c)

(d)

图 5-6 数值计算模型

（a）地表及围岩数值计算模型；（b）矿体数值计算模型；
（c）采空区数值计算模型；（d）耦合数值计算模型

图 5-7 各分析区域计算流程

A 位移分析

图 5-8 所示为措施井区域 11、2、12、8 号采空区群的位移云图，从图中可以看出，CSJ-8 号采空区和 CSJ-12 号采空区已经贯通，顶板处的最大位移为 -6.45cm，2 号采空区顶板的最大位移为 -6.45cm，CSJ-12 号底板的最大 Z 向位移在 3.5cm 左右，11、2 号底板的最大 Z 向位移在 2.0cm 左右。12 号采空区和 11 号采空区之间矿柱的位移较大，从上至下 Y 向位移逐渐转向，即在最上面

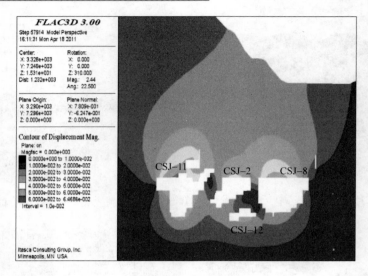

图 5-8　采空区群位移图

指向 11 号采空区，在最下面指向 12 号采空区，最大为 1.28cm，指向 12 号采空区。11 号和 2 号之间的矿柱位移较小，为 0.75mm，位于 2 号采空区一侧。

　　B　应力分析

　　图 5-9 和图 5-10 为 8 号采空区的最小和最大主应力图，中间的采空区为 8 号采空区，两侧分别为 11 和 12 号采空区，从图中可以看出，在采空区的上下盘部位出现了大范围的拉应力区，大小为 0.37MPa，出现在 8 号采空区上盘位置和 11、12 号采

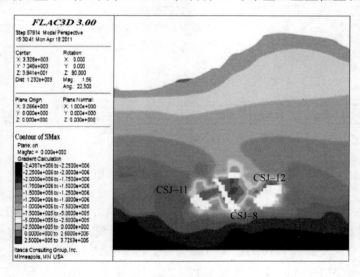

图 5-9　8 号采空区最小主应力

空区的顶板处。8号采空区顶板的最小主应力为0.5MPa;最大主应力为9.0MPa,出现在8号采空区的底板处。12号采空区左侧壁上的最大主应力为9.18MPa。

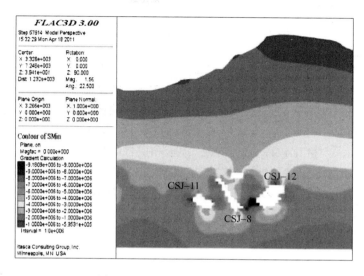

图 5-10　8号采空区最大主应力

C　塑性区分析

采空区的形成,会给周围的岩体造成很大的破坏,使岩体出现剪切破坏或者拉伸破坏,如图5-11所示为措施井区域8、11、12号采空区的塑性区分布图。

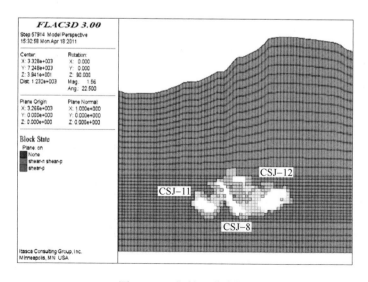

图 5-11　塑性区分布图

　　由于该区域采空区密度非常大，这个区域的塑性区扩展很严重，三个采空区之间的围岩塑性区出现了贯通，而外侧岩体的塑性区范围并不太深，说明开采扰动对采空区稳定性分布有很大的影响。

　　根据数值模拟计算结果，对位移及应力等关键数据进行了统计分析，并对采空区的稳定性进行分级。

　　图5-12为各个采空区顶板的最大位移统计图，图5-13为采空区侧壁或矿柱的最大侧向位移统计图，图5-14为采空区顶板的最小主应力统计图。从图中可以看出，措施井采区的采空区顶板和侧壁的位移均比较大，这是因为这个区域的采空区分布非常密集，采空区形成了群效应，它们相互影响，使各自的位移都有所增加，而采空区比较稀疏的区域，顶板和矿柱的位移均比较小。另外，上部非法采空区的存在对采空区的位移尤其是顶板的位移产生了较大的影响，尤其是与下部采空区较接近的。这是由于非法采空区的开挖导致了下部采空区顶板厚度的减小，影响了顶板的稳定性。

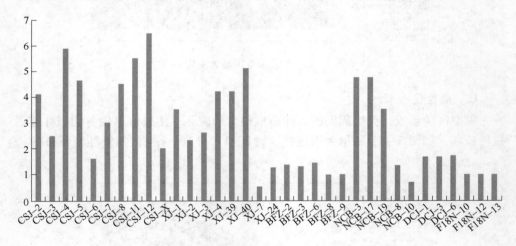

图5-12　采空区顶板最大位移统计图

　　另外，跨度较大的采空区的顶板位移也较大，从图中可以看出，采空区侧壁和矿柱的侧向位移均比较小，说明矿柱或侧壁变形较小，相对稳定些。从图中还可以看出，有的最小主应力出现了正值，说明顶板出现了拉应力，采空区顶板的最小主应力越接近0，说明顶板应力越接近拉应力区，顶板也就越危险。

　　根据采空区围岩位移和应力最大值统计、塑性变形分析结果以及非法采空区的分布，对采空区的稳定性状况作出了描述，从描述中找出采空区相对危险程度并给出稳定性等级。稳定性等级分为三级，Ⅰ级为相对稳定，Ⅱ级为局部不稳定，Ⅲ级为不稳定。评价结果如表5-4所示。

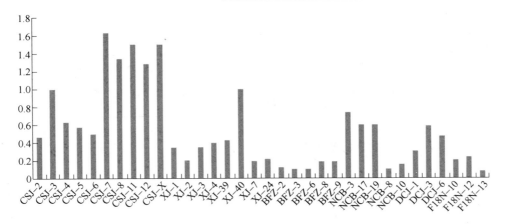

图 5 - 13 采空区侧壁或矿柱最大侧向位移统计图

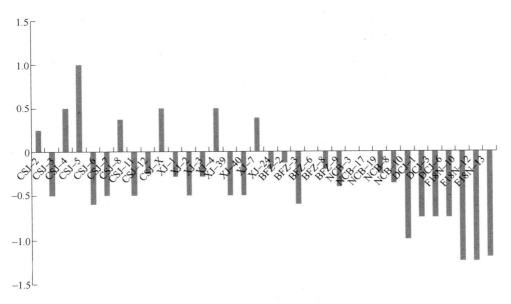

图 5 - 14 采空区顶板最小主应力统计图

表 5 - 4 采空区稳定性分级汇总

采空区稳定性等级	采空区数量	采 空 区 特 征
I	10 (29.4%)	采空区顶板位移较小,采空区相对较独立,与其他采空区距离较远,围岩塑性区较少,应力较小,距离非法采空区较远
II	13 (38.2%)	采空区顶板位移较大,采空区与周围采空区距离较近,但所处区域采空区密度较小,围岩塑性区较多,且在顶板或者矿柱区域存在与其他采空区塑性区贯通的现象,顶板应力状态接近拉应力区,矿柱应力较大

采空区稳定性等级	采空区数量	采 空 区 特 征
Ⅲ	10 （29.4%）	采空区顶板位移较大，顶板的应力状态较差，局部出现拉应力，所在区域采空区密度很大，采空区之间相互影响，围岩及矿柱的塑性区范围巨大，在水平范围内出现大面积扩散并产生贯通，受上部的非法采空区影响较大

5.1.5　采空区稳定性分析模糊综合评判

5.1.5.1　计算过程

虽然基于数值模拟计算的采空区稳定性分级比较合理，但是影响采空区稳定性的因素很多，采空区的力学特性只是其中一个方面，这里并没有考虑到采空区的暴露时间，水文地质因素也进行了简化，有些条件与实际情况出入较大，因此要对采空区进行全面的综合评价，还应考虑更多因素，为此采用了模糊综合评判与层次分析法相结合的方法，对采空区稳定性进行综合分析。

根据前述采空区稳定性影响因素分析结果，选定了模糊综合评判的评价指标集，详细如图 5 - 15 所示。

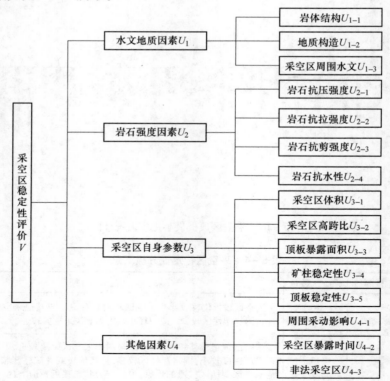

图 5 - 15　石人沟铁矿采空区影响因素

图中，V 为目标层，U_n 为中间因素层，U_{n-i} 为因子层。采空区的稳定性分为三个等级，分别为稳定（Ⅰ级）、局部不稳定（Ⅱ级）、不稳定（Ⅲ级）。根据层次分析法可求得因素及因子的权重，如下所示：

$V = (0.427, 0.103, 0.427, 0.044)$

$U_1 = (0.283, 0.643, 0.074)$

$U_2 = (0.375, 0.125, 0.375, 0.125)$

$U_3 = (0.042, 0.429, 0.199, 0.118, 0.213)$

$U_4 = (0.258, 0.637, 0.105)$

对于评价因子中的离散变量引起因子的离散化，主要采用专家评定法取值。而对于连续变量，则建立代表隶属度和预测因子之间的函数关系，即隶属函数，其隶属度可通过代入因子实测值经计算得到（见表 5 - 5）。隶属函数种类很多，综合各因子数据的分布特征，采用三相线性隶属函数，其公式如下：

$$Y_1(X) = \begin{cases} 1, & X \leqslant s_1 \\ \dfrac{s_2 - X}{s_2 - s_1}, & s_1 < X \leqslant s_2 \\ 0, & X > s_2 \end{cases}$$

$$Y_2(X) = \begin{cases} 0, & s < X < s_1 \\ -\dfrac{s_2 - X}{s_2 - s_1}, & s_1 < X \leqslant s_2 \\ \dfrac{s_3 - X}{s_3 - s_2}, & s_2 < X \leqslant s_3 \end{cases}$$

$$Y_3(X) = \begin{cases} 0, & X < s_2 \\ -\dfrac{s_2 - X}{s_3 - s_2}, & s_2 \leqslant X < s_3 \\ 1, & X \geqslant s_3 \end{cases}$$

式中　　X——定量因子的实测值标准化后的数值；

s_1, s_2, s_3——分别为相应定量因子在采空区稳定、局部不稳定以及不稳定这 3 种状态下标准化后的数值。

表 5 - 5　定性因子隶属度取值

采空区稳定性分级		因　子					
		U_{4-1}	U_{4-4}	U_{2-4}	U_{2-5}	U_{4-1}	U_{4-3}
稳定（Ⅰ）	$Y\mathrm{I}(X)$	0.70	0.75	0.70	0.75	0.70	0.70
	$Y\mathrm{II}(X)$	0.25	0.20	0.25	0.20	0.25	0.25
	$Y\mathrm{III}(X)$	0.05	0.05	0.05	0.05	0.05	0.05

采空区稳定性分级		因　子					
		U_{4-1}	U_{4-4}	U_{2-4}	U_{2-5}	U_{4-1}	U_{4-3}
局部不稳定 （Ⅱ）	YⅠ(X)	0.20	0.20	0.25	0.20	0.20	0.20
	YⅡ(X)	0.65	0.65	0.65	0.65	0.65	0.65
	YⅢ(X)	0.15	0.15	0.10	0.15	0.15	0.15
不稳定（Ⅲ）	YⅠ(X)	0.05	0.05	0.05	0.05	0.05	0.05
	YⅡ(X)	0.25	0.20	0.20	0.20	0.20	0.20
	YⅢ(X)	0.70	0.75	0.75	0.75	0.75	0.75

由于因子的物理意义不同，量纲也不一致，为了保证各个因子具有等效性和同序性，需在进行模糊计算之前，对原始数据进行处理，将各级界限进行标准化。标准化后数值如表 5 – 6 所示。

表 5 – 6　采空区因素及因子指标标准化数值

因素层	因　子　层	稳定（Ⅰ级）		局部不稳定（Ⅱ级）		不稳定（Ⅲ级）	
		实际 数据	标准化后 数据	实际 数据	标准化后 数据	实际 数据	标准化后 数据
水文地质 因素 U_1	岩体结构 U_{4-1}	完整块状，坚硬		较完整，局部破碎		岩体破碎，复杂	
	地质构造 U_{4-2}	5.0	0.17	15.0	0.5	30	1
	采空区周围水文 U_{4-4}	采空区周围水量 少或者没有		采空区内水量较大		采空区内有 大量水涌出	
岩石强度 因素 U_2	岩石抗压强度 U_{4-1}	80.0	1.0	40.0	0.5	20.0	0.25
	岩石抗拉强度 U_{4-2}	5	1	2.5	0.5	1	0.2
	岩石抗剪强度 U_{4-3}	60.0	1.0	45.0	0.75	30.0	0.5
	岩石抗水性 U_{4-4}	0.9	1.0	0.75	0.83	0.5	0.56
采空区自身 参数 U_3	采空区体积 U_{2-1}	3000	0.33	6000	0.67	10000	1
	采空区高跨比 U_{2-2}	1.17	1.0	0.87	0.74	0.75	0.64
	顶板暴露面积 U_{2-3}	500	0.33	1000	0.67	1500	1
	矿柱稳定性 U_{2-4}	尺寸符合设计， 稳定，无破坏		超采较严重，局部 有破坏，较稳定		不稳定，矿柱破坏 甚至无矿柱	
	顶板稳定性 U_{2-5}	稳定		较稳定		不稳定	
其他因素 U_4	周围采动影响 U_{4-1}	采空区周围无开采 活动，扰动较少		扰动较多		周围采切活动 较多，扰动很大	
	采空区暴露时间 U_{4-2}	30	0.33	50	0.5	100	1
	非法采空区 U_{4-3}	周围无非法采空 区或距离较远		非法采空区距离 较近，有透点		与非法采空区距离 很近，局部坍塌	

5.1.5.2 模糊综合评判结果

由于每个采空区实际赋存环境不同,因此每个因素的权重并不相同,要根据实际情况进行分析计算,根据实际的计算结果对采空区稳定性进行分析。

根据上述原理及计算分析过程,已测的采空区稳定性结果如表5-7所示。对比数值模拟计算结果可知,两种评价方法得到的采空区稳定性评价结果有着很高的契合度,说明两种方法都有其合理性。采用数值模拟方法对采空区的稳定性进行评价和分级,主要依据的是采空区围岩在开采过程中的应力、位移和塑性区的分布,忽略或者简化了其他的因素,评价指标较为单一,并且不能考虑时间因素。实际上影响采空区稳定性的因素有很多,围岩的物理力学指标只是其中比较重要的一部分。基于模糊综合评判的采空区稳定性分析方法则选取了影响采空区稳定性的多个因素,评价指标更加全面,考虑的因素也更加丰富,得到的结果也更为可靠,但是在因素的选取和权重的确定方面具有一定的主观性,定性描述的比较多,缺乏定量描述。可以将两者进行有效的结合,来提升采空区稳定性评价的准确性。

表5-7 采空区模糊综合评判分级结果

采空区编号	采空区稳定性等级	采空区数量	采空区特征
XJ-3,XJ-7,BFZ-2,BFZ-3,NCB-8,NCB-10,DCJ-1,DCJ-6,F18N-12,F18N-13	I	10 (29.40%)	采空区顶板位移较小,处在I级或者II级,采空区相对较独立,与其他采空区距离较远,围岩塑性区较少,应力较小,距离非法采空区较远
CSJ-3,CSJ-6,CSJ-7,XJ-1,XJ-2,XJ-24,XJ-39,BFZ-6,BFZ-8-9,NCB-3,NCB-19,DCJ-3,F18N-10	II	13 (38.20%)	采空区顶板位移处在II级或者III级,采空区与周围采空区距离较近,但所处区域采空区密度较小,围岩塑性区较多,且在顶板或者矿柱区域存在与其他采空区塑性区贯通的现象,顶板应力状态接近拉应力区,矿柱应力较大
CSJ-2,CSJ-4,CSJ-5,CSJ-8,CSJ-11,CSJ-12,CSJ-X,XJ-4,XJ-40,NCB-17	III	10 (29.40%)	采空区顶板位移处在III级或IV级,顶板的应力状态较差,局部出现拉应力,所在区域采空区密度很大,采空区之间相互影响,围岩及矿柱的塑性区范围巨大,在水平范围内出现大面积扩散并产生贯通,受上部的非法采空区影响较大

5.2 充填法狭长形采空区稳定性分析

5.2.1 工程背景

5.2.1.1 矿区概况

果洛龙洼金矿位于青海省都兰县南部,行政区划隶属青海省都兰县沟里乡管辖，南东距沟里乡乡政府驻地 8km，距都兰县香日德镇 65km。

矿区属布尔汉布达山系，山脉走向近东西，山势险峻，切割强烈，属半干旱高山草原景观，植被发育不均匀，侵蚀切割较强烈，沟系发育，但大部分为干沟或季节性水系，只有少数为常年流水系，水流量随季节变化。矿区气候特征以寒冷、干旱、多风、昼夜温差大、冰冻期长、降雨量少为特点。

5.2.1.2 开采技术条件

A 矿体条件

依据金矿体产出部位和空间展布特征，在区内由南向北划分出 6 条金矿带，分别为 Au Ⅰ、Au Ⅱ、Au Ⅲ、Au Ⅳ、Au Ⅴ、Au Ⅵ 6 条金矿带。金矿带走向近东西，倾向南，倾角陡、缓变化大，一般在 45°~75°之间，产状与地层相一致。矿体形态简单，呈脉状、透镜状、囊状、串珠状，在走向及倾向上具分枝复合、尖灭再现、膨大收缩现象。

Au Ⅰ-1 矿体为 Ⅰ 矿带内的主矿体，为石英脉型金矿，产状 180°∠60°~80°，平均厚度 1.5m 左右。Au Ⅳ-1 是矿区主要矿体之一，为石英脉型金矿，浅部为黄褐色蜂窝状石英脉（氧化矿），深部为烟灰色石英脉，真厚度在 0.46~3.672m 之间，平均 1.446m，矿体厚度变化属稳定矿体，金品位一般在 1.00~17.4g/t，平均品位 4.759g/t，产状 180°∠50°~70°，金品位变化属均匀类型。

由此可见，矿区矿体平均倾角达 60°以上，平均厚度 1.5m，属于典型的急倾斜薄矿体，石英脉型，走向长度远远大于宽度。矿石结构有半自形－他形粒状结构、填隙结构、反应边结构、隐晶状、土状结构等。矿石的构造主要有细脉浸染状构造，晶洞状构造，斑杂状、块状、网脉状构造及皮壳状构造。

B 围岩条件

矿体围岩主要为绢云绿泥千糜岩，矿体与围岩界线清楚，两盘均有断层泥出现，在靠近矿体部位围岩蚀变强烈，主要表现在矿区闪长岩北侧的千糜岩带中，且有越近岩体蚀变越强烈之趋势。有时上盘有较强蚀变的围岩本身也是矿体，含金品位高达 12.50g/t，而其下盘只有轻微矿化，主要有绢云母化、硅化、黄铁矿化、碳酸岩化、褐铁矿化、方铅矿化、高岭土化、绿泥石化等。

绢云绿泥千糜岩具千枚状构造，局部糜棱岩化，片理发育，垂直矿体和围岩施工坑道则围岩稳定性较好，而施工沿脉则围岩稳定性较差，应采取措施以防冒顶和片帮。

C 工程地质评价

矿区矿体上下盘围岩主要为千糜岩、含碳质千糜岩，单轴极限抗压强度为 31.4~53.7MPa，其工程地质类型为坚硬~半坚硬岩石的整体结构矿床，地质构造简单，矿体顶底板岩层较完整稳固，底板千糜岩、含碳质千糜岩无岩溶现象，不含承压水，属工程地质条件简单地区。

岩体为整体结构，岩体质量等级为特好，岩体质量优。井巷围岩岩石质量指标较好，矿体顶底稳固。开采过程中在破碎带发育地段，工程力学性质较差，应进行支护。

矿区基岩裂隙水极不发育，大部分采矿坑道表现为干燥，不存在突然涌水的可能，对矿床开采影响不大。

D 开采技术参数

由于环境恶劣，公司招募技术人员及一般劳动力，困难加大；加之高原作业，设备效率降低近 30%，更加大了采矿工作难度。因此，采用一种人员少、高效的采矿方法势在必行。为此，公司于 2010 年 9 月通过对国外相似矿山进行考察，确定引进先进的中深孔机械化开采工艺，通过采矿方法优选，最终确定采用中深孔机械化落矿嗣后废石充填法。技术参数如下：

（1）脉内布置采准、凿岩和运输巷道，沿矿体走向留设 3~5m 间柱，并布置 2m×2m 切割天井与上分段采准巷道相通，采场长 30~50m。采用中深孔凿岩台车沿矿体倾向钻凿平行炮孔。

（2）采用中深孔爆破崩落矿石。孔深 12~14m，孔径 64mm，最小抵抗线 1.2m，孔距视矿体厚度而定，炮孔平行布置，一次爆破长度 3~8m，分段爆破，导爆管起爆。

（3）崩落的矿石由铲运机运至矿石溜井，需要进入采空区出矿时，采用遥控铲运机；运距较长时，采用坑内 12t 卡车倒运到矿石溜井。

5.2.2 采空区稳定性影响因素分析

果洛龙洼矿区矿体属于急倾斜极薄矿体，采用了中深孔机械化嗣后废石充填的方法进行开采，采幅一般为 1.0~1.5m，采空区长度一般为 60~70m，属于狭长形窄而高的采空区。针对果洛龙洼矿区工程地质条件及矿体赋存环境，影响采空区稳定性的因素主要有岩石物理力学性质、岩体节理裂隙分布情况、采空区空间位置关系、采空区跨度、采空区倾角、爆破采动影响、地下水及反复冻融的影响。

通过对果洛龙洼矿区现场的工程地质调查，结果显示矿区岩体节理构造发育，岩体类型较破碎，对矿体开采造成了很大的影响，是控制采空区稳定性的关键因素之一。采幅一般为 1.5m，分段高度 15m，属于典型的窄高形采空区，因此采空区应力集中系数较低，对采空区稳定性有利。采场长度远远大于采场的跨度，因此采空区的稳定性由跨度决定，而目前采场的跨度基本在 2.5m 左右，根据现场调查显示，跨度在 3m 内，可以保持较好的稳定性。由于存在大量的平行矿体，有的之间相距不到 10 米，如此近距离的开采必然会对采空区稳定性造成极大的影响，因此在进行平行矿体开采前，应对相邻采空区进行处理，以确保开采和采空区的稳定性。矿区地下水量较小，对岩石质量的影响较小，因此其不是影响采空区稳定性的关键因素，但仍要考虑水文的潜在影响。

由于果洛龙洼矿体的特殊形态，形成的采空区呈狭长形，并且有大量平行矿体存在，开采时采用后退式连续强化，因此此类型采空区稳定的关键是顶板及平行矿体间的岩层夹壁。本项目在进行采空区稳定性分析时，选用了理论分析法和数值模拟计算法，并进行了应力现场监测研究。

5.2.3 采空区顶板稳定理论分析法

该矿采用中深孔连续后退式开采急倾斜薄矿体，开采简图如图 5-16 所示。由图可知，采场顶板沿走向的长度远大于宽度，因此可将采场顶板视为由岩体支撑的两端固支梁，如图 5-17 所示。

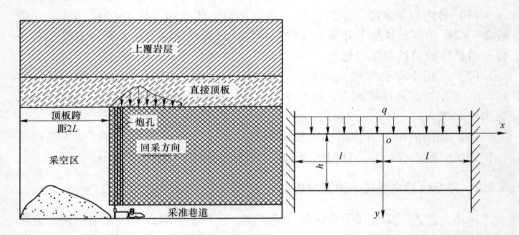

图 5-16　中深孔开采简图　　　　图 5-17　两端固支梁计算模型

设顶板的厚度为 h，宽度为 b，跨度为 $2l$，顶板岩体的弹性模量为 E，抗拉强度极限为 σ_s，顶板上层岩体对顶板上表面的为均布荷载 q_0，则作用在顶板上的总均布荷载为 q_0 与顶板自重的叠加，即：

$$q = q_0 + \rho g h$$

在进行计算时，要做如下的基本假设：

（1）岩石材料为各向同性，且为理想弹塑性体；

（2）采场坚硬顶板在进入裂隙扩展阶段之前为小变形，上覆均布荷载不发生明显变化；

（3）在开采过程中，岩壁塑性变形不影响对顶板的支撑和约束作用；

（4）顶板的受力与变形是对称的；

（5）进行弹塑性分析时，不考虑岩石的蠕变损伤。

当开采采场跨度较小时，顶板处于弹性阶段，由弹性理论可知，顶板上的弯矩为：

$$M = \frac{1}{2}qx^2 - \frac{1}{6}ql^2 \qquad (5-22)$$

由式（5-22）可知，在两个固支端处弯矩达到最大，因此，两端首先达到弹性极限弯矩 M_e，此时有：

$$M_e = \frac{1}{3}ql_1^2 \qquad (5-23)$$

所以弹性阶段极限跨度为：

$$l_1 = \sqrt{\frac{3M_e}{q}} \qquad (5-24)$$

对于理想弹塑性材料的矩形截面梁，已有：

$$M_e = \frac{bh^2}{6}\sigma_s, \quad M_u = \frac{bh^2}{4}\sigma_s \qquad (5-25)$$

式中 M_u——塑性极限荷载；

 b，h——顶板梁的宽度和高度。

由于固支端弯矩最大，在采场跨度增加到一定程度后，固支端附近首先出现弹塑性变形，假设塑性区临界点距离固支端距离为 a，其余为弹性区。

根据假设，对计算模型进行进一步简化，如图 5-18 所示。

已知跨中处剪力为 0，设 A 处弯矩为 M_A，则其他任意截面弯矩为：

$$M = \frac{1}{2}qx^2 - M_A \qquad (5-26)$$

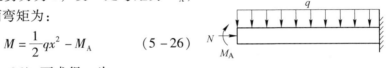

图 5-18 计算简图

根据式（5-26）可求得 a 为：

$$a = \frac{\sqrt{2(M_e + M_A)}}{q} \qquad (5-27)$$

梁发生弹塑性变形时，矩形截面梁曲率 K 与 M 的关系为：

$$K = \begin{cases} \dfrac{M}{EI} & \text{（弹性段）} \\[3mm] \dfrac{K}{\sqrt{3 - \dfrac{2|M|}{M_e}}} \, \mathrm{sgn}M & \text{（弹塑性段）} \end{cases} \qquad (5-28)$$

根据单位荷载法，A 处的转角 θ_A 为：

$$\theta_A = \int_0^l \overline{M}K\mathrm{d}x = \int_0^a \frac{\frac{1}{2}qx^2 - M_A}{EI}\mathrm{d}x + \int_a^{l_2} \frac{K_e}{\sqrt{3 - \dfrac{qx^2 - M_A}{M_e}}}\mathrm{d}x = \frac{a}{EI}\left(\frac{1}{6}qa^2 - M_A\right) +$$

$$K_e \sqrt{\frac{M_e}{q}} \left(\arcsin \frac{\sqrt{q l_2}}{\sqrt{3 M_e + 2 M_A}} - \arcsin \frac{\sqrt{qa}}{\sqrt{3 M_e + 2 M_A}} \right)$$

由弯矩受力特点可知，中间截面的转角 $\theta_A = 0$，又由式（5 – 27）可得：

$$\theta_A = (M_e - 2 M_A) + 3 M_e \sqrt{M_e} \left(\arcsin \frac{\sqrt{q l_2}}{\sqrt{3 M_e + 2 M_A}} - \arcsin \sqrt{\frac{2(M_e + M_A)}{3 M_e + 2 M_A}} \right) = 0$$

$$(5 - 29)$$

由分析可知，当达到极限跨距时，固支端处于塑性极限，即：

$$M_{端} = \frac{1}{2} q l_2^2 - M_A = M_u = 1.5 M_e \tag{5 - 30}$$

由式(5 – 27)、式(5 – 29)和式(5 – 30)可得：

$$2 l_2 = \sqrt{\frac{18.961 M_e}{q}}, M_A = 0.870 M_e, a = 0.394 l$$

当采场推进到一定跨度后，顶板的两端完全成为塑性流动机构，成为塑性铰，此时顶板力学模型变为两端简支梁，计算简图如图 5 – 19 所示。

根据假设，仍取一半结构进行研究，此时顶板两端岩体所承受的弯矩为 M_u，则可求得中间弯矩为：

$$M_A = \frac{1}{2} q l_3^2 - 1.5 M_e \qquad (5 - 31)$$

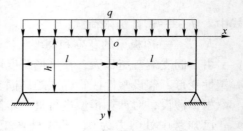

图 5 – 19   两端简支梁计算简图

则此时，顶板各处的弯矩分布为：

$$M = \frac{1}{2} q x^2 - \frac{1}{2} q l_3^2 + 1.5 M_e \tag{5 - 32}$$

随着跨度的增加，之前处于弹性区的中间部位会随之达到弹性极限，即 A 截面弯矩达到弹性极限弯矩 M_e，可求得此时的跨距为：

$$2 l_3 = \sqrt{\frac{20 M_e}{q}} \tag{5 - 33}$$

当采场跨度继续增加时，顶板的塑性区域会不断扩展，直到顶板全部区域变为塑性区，在截面 A 处形成塑性铰，此时截面 A 处达到塑性极限状态，即：

$$M_A = \frac{1}{2} q l_4^2 - 1.5 M_e = 1.5 M_e \tag{5 - 34}$$

可求得此时的极限跨度为：

$$2 l_4 = \sqrt{\frac{24 M_e}{q}} \tag{5 - 35}$$

由弹塑性分析可知，顶板两端首先达到弹性极限，然后进入弹塑性阶段，进入断裂孕育阶段。梁的上部受压，下部受拉，由于岩石的抗压强度远大于抗拉强度，因此假设损伤断裂只发生在受拉区。

根据岩石蠕变的特点，由 Norton 公式可得：

$$\dot{\varepsilon} = \left(\frac{\sigma}{B}\right)^n = \left[\frac{\sigma}{B\,(1-D)}\right]^n \tag{5-36}$$

式中 $\dot{\varepsilon}$——应变率；

　　B，n——材料参数；

　　D——岩石损伤因子。

由几何方程可知，梁中各点的应变率为：

$$\dot{\varepsilon} = y\,\dot{k} \tag{5-37}$$

式中 y——顶板内任意坐标；

　　$\dot{k}$——轴线曲率变化率。

由式（5-36）和式（5-37）可得：

$$\sigma = y^{\frac{1}{n}} k^{\frac{1}{n}} B \tag{5-38}$$

又知梁端弯矩与应力的关系为：

$$\int_0^h \sigma y \mathrm{d}y = M \tag{5-39}$$

由式（5-38）和式（5-39）可得：

$$\sigma = \frac{M(2n+1)}{2nh^{\frac{2n+1}{n}}} y^{\frac{1}{n}} \tag{5-40}$$

由上式可知，顶板底部的拉应力最大，即 $y = h$，随着岩石材料内部损伤的不断扩展，当损伤因子 $D = 1$ 时，顶板发生破裂，由 Kachanov 蠕变损伤理论可知：

$$\dot{D} = \left[\frac{\sigma}{A_0(1-D)}\right]^n \tag{5-41}$$

式中 A_0——材料常数；

　　$\dot{D}$——岩石损伤因子变化速率。

由式（5-40）和式（5-41）可得，顶板两端损伤断裂的临界时间为：

$$t_{断} = \frac{1}{n+1}\left[\frac{M(2n+1)}{2A_0 nh^2}\right]^{-n} \tag{5-42}$$

当 $t > t_{断}$ 时，顶板底部开始出现断裂。由上式可知，不同阶段，顶板两端损伤断裂时间不同，随着跨度的增加，时间缩短，应在断裂之前对顶板进行适当处理。

果洛龙洼矿区围岩岩性较单一，主要为千糜岩，矿体为石英脉。顶板预留厚度3.0m，开采宽度2.0m左右，矿体密度为2650kg/m³，弹性模量 E 为92.5GPa，屈服强度取6.2MPa，泊松比为0.2。上覆岩层主要为千糜岩，密度2750kg/m³，厚度平均为150m。

由上述资料可知，采场顶板上覆岩层压力为：

$$q = 2650 \times 9.8 \times 3 + 2750 \times 9.8 \times 150 = 4.1 \text{MPa}$$

则顶板处于弹性区的极限跨距可由式（5-24）求得：

$$2l_1 = 2\sqrt{\frac{3 \times \frac{2 \times 3^2}{6} \times 6.2}{4.1}} = 7.38 \text{m}$$

顶板两端出现塑性区的极限跨度为：

$$2l_2 = \sqrt{\frac{18.961 \times \frac{2 \times 3^2}{6} \times 6.2}{4.1}} = 9.27 \text{m}$$

顶板两端成为塑性铰，由固支变为铰支的极限跨距可由式（5-33）求得：

$$2l_3 = \sqrt{\frac{20 \times \frac{2 \times 3^2}{6} \times 6.2}{4.1}} = 9.53 \text{m}$$

整个顶板都处于塑性区成为塑性流动机构的极限跨距可由式（5-35）求得：

$$2l_4 = \sqrt{\frac{24 \times \frac{2 \times 3^2}{6} \times 6.2}{4.1}} = 10.43 \text{m}$$

当顶板成为塑性流动机构后，就变得不稳定，内部裂纹不断扩展，直至损伤断裂，因此，当开采至 14.76m 时，要及时对采空区进行处理。

取顶板岩石的材料参数 $n = 3$，$A_0 = 1.36 \times 10^{3.5} \text{Pa} \cdot \text{s}^{-1}$，则顶板两端损伤断裂的临界时间为：

$$t_{\text{断}} = 288.58 \times 10^8 M^{-3} \tag{5-43}$$

由式（5-43）可知，顶板两端损伤断裂的时间与顶板弯矩的关系如图 5-20 所示。

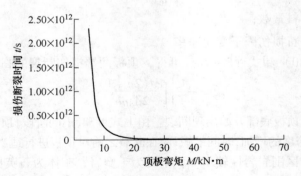

图 5-20 损伤断裂时间与弯矩函数关系

由顶板力学分析可知，当跨度变化时，顶板处于不同的应力状态，弯矩分布也不同，只考虑顶板两端的弯矩，则弯矩随跨度的函数关系为：

$$M = \begin{cases} \dfrac{1}{3}ql^2, & 0 < l \leqslant l_e \\ \dfrac{1}{2}ql^2 - 0.87M_e, & l_e < l \leqslant l_u \\ 1.5M_e, & l > l_u \end{cases} \quad (5-44)$$

式中　l_e——顶板两端处于弹性的最大跨度；

　　　l_u——顶板两端处于塑性的最大跨度。

则顶板两端损伤断裂时间随跨度的函数关系为：

$$M = \begin{cases} Aq^{-3}l^{-6}, & 0 < l \leqslant l_e \\ B\left(\dfrac{1}{2}ql^2 - 0.87M_e\right)^{-3}, & l_e < l \leqslant l_u \\ CM_e^{-3}, & l > l_u \end{cases}$$

对于本工程，式中 $A = 113.05 \times 10^8$，$B = 288.58 \times 10^8$，$C = 80.51 \times 10^8$，$M_e = \dfrac{2 \times 3^2}{6} \times 6.2 = 18.6 \text{kN} \cdot \text{m}$。

损伤断裂时间与跨度的关系如图 5-21 所示。由图可知，跨度与损伤断裂时间总体呈三次函数关系。

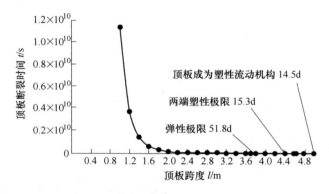

图 5-21　损伤断裂时间与跨度关系曲线

由图 5-21 还可知，当顶板处于弹性极限时，顶板两端损伤断裂的时间为 51.8d，当达到塑性极限时，断裂时间减小至 15.3d，时间大大缩短。顶板两端变成塑性铰后，损伤断裂时间变为 14.5d，略有降低。

5.2.4　基于 CMS 实测的采空区稳定性数值模拟分析

果洛龙洼矿区采空区呈窄高形，为提高数值模拟准确性，采用 CMS 采空区探测系统对采空区进行探测，在精细探测基础上采用 SURPAC、ANSYS 及

FLAC3D 模拟计算软件，建立了采空区精细计算模型，对采空区稳定性进行了分析。建模流程如图 5 - 22 所示。

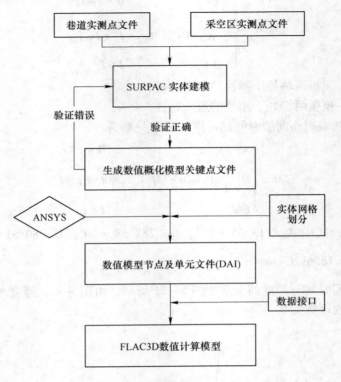

图 5 - 22 建模流程示意图

三维数值计算模型如图 5 - 23 和图 5 - 24 所示，为简化计算模型，根据采空

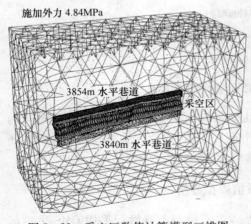

图 5 - 23 采空区数值计算模型三维图

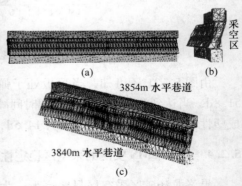

图 5 - 24 矿体及巷道计算模型三视图
（a）正视图；（b）侧视图；（c）45°视图

区的大小，截取了部分岩体进行模拟。模型尺寸为 $90m \times 50m \times 90m$，初始模型采用四面体单元，重点剖分采空区和巷道部位，精度以确保无畸变单元为原则并在局部适当加密，单元总数 62337，节点总数 10866。计算中，将围岩、矿体及其充填体都视为弹塑性连续介质，采用莫尔 – 库仑准则。

本次三维数值计算将岩性简化为金矿、围岩和废石充填体三种介质类型，最终的物理力学参数如表 5 – 8 所示。

表 5 – 8 矿岩物理力学参数

类 别	堆积密度 /kg·m⁻³	弹性模量 /GPa	泊松比 μ	内聚力 c/MPa	内摩擦角 φ/(°)	抗拉强度 T/MPa
充填体	1600	25	0.05	0	0	
金矿	2650	92.79	0.20	1.2	31	1.2
围岩	2750	76.51	0.14	1.7	333	1.2

模型计算完毕后进行结果分析，在整个分析区域选择了一定数量的监测点及剖面进行，如图 5 – 25 所示。

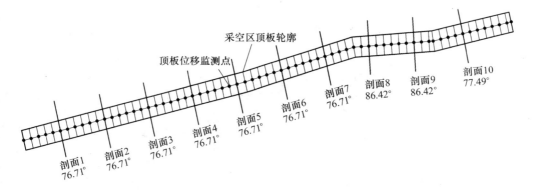

图 5 – 25 顶板位移监测点

（1）位移分析。图 5 – 26 所示为指定开挖步骤下顶板各监测点垂直位移变化曲线。由图可知，在每个开挖阶段，顶板垂直位移变化规律是相似的，呈现出两边向中间波动下降的规律，两侧基本对称分布，最终顶板最大位移为 2.9mm 左右，大致位于中间的监测点。

图 5 – 27 所示为各监测点随计算时步变化曲线图，由于两侧对称，因此选取了一侧的监测点进行分析。图中反映出的规律与图 5 – 26 相似，不再赘述。

图 5 – 28 所示为采空区平面剖面图周围位移分布云图，由图可以看出，上盘的位移影响区域远远大于下盘区域，因此要注意上盘岩体的稳定性。

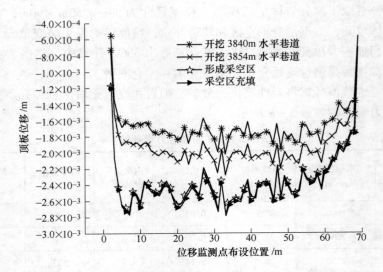

图 5 - 26 不同开挖阶段顶板监测点位移变化曲线

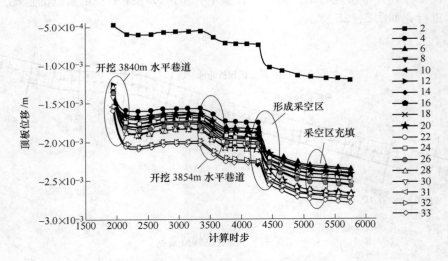

图 5 - 27 顶板各监测点随计算时步变化曲线

（2）应力分析。计算过程中由于应力都没有超过岩体的限值，因此这里不再进行应力的分析说明。

为得到采空区周围塑性区分布规律，需要对采空区周围塑性分布进行分析，如图 5 - 29 所示，为采空区围岩塑性区分布。图中采空区左侧（55 线附近）出现了很多剪切破坏区，在采空区倾角较大部位的塑性区较小。上盘的塑性区分布大于下盘，平均影响范围在 10m 左右。

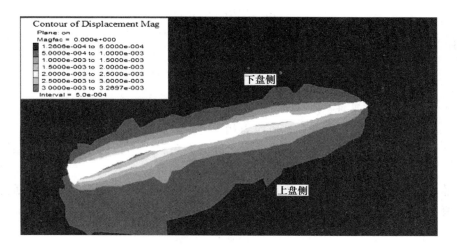

图 5 - 28　采空区周围位移分布云图

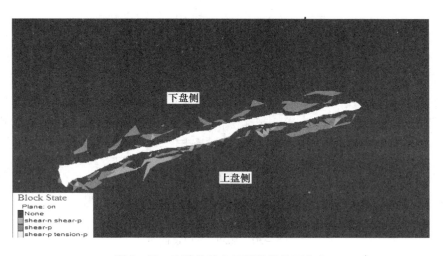

图 5 - 29　充填前采空区围岩塑性区分布

5.2.5　基于现场调查及 Mathews 稳定性图法的采空区最大跨度计算

针对矿区采空区狭长窄高的特点，在实地调查的基础上采用 Mathews 稳定性图法对采空区的最大跨度进行了预测计算。

Mathews 稳定性图法建立在钻孔及现场岩石力学详细调查基础上，获取岩石的节理裂隙、质量及物理力学性质等信息，通过式（5 - 45）计算修正稳定参数 N'：

$$N' = \frac{RQD}{J_n} \frac{J_r}{J_a} ABC \qquad (5-45)$$

式中　　RQD——岩石质量指标；

　　　　J_n——节理（裂隙）组编号；

　　　　J_r——节理糙度；

　　　　J_a——节理蚀变；

　　　　A——与岩石强度和感应应力相关的参数；

　　　　B——节理优势取向与掌子面之间的夹角；

　　　　C——采场工作面稳定性受重力影响的参数。

　　依据 N' 值与水力半径 HR 值组合的 Mathews 稳定性图对应的值进行判断得到 HR 值。Mathews 稳定性图如图 5-30 所示。

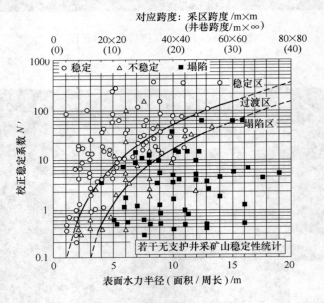

图 5-30　Mathews 稳定性图

　　水力半径 HR 与稳定跨度的关系为：

$$HR = \frac{WH}{2(W+H)} \qquad (5-46)$$

式中　　HR——水力半径，m；

　　　　W——稳定跨度，m；

　　　　H——采场斜长，m。

　　采用钻孔（岩芯型号 NQ（47.6mm））来提取岩芯，每个勘探扇形钻面中钻凿 2 个 NQ 型号的钻孔。岩芯 RQD 值为长度大于 10cm 岩芯长占总长的比例，现

场调查围岩 RQD 值时，可采用测线法，根据节理密度来换算岩石 RQD 值，计算公式为：

$$RQD = 115 - 3.3J_v \qquad (5-47)$$

式中　J_v——体积节理参数。

调查区域选择穿脉（穿过矿体的前后 5~10m 的位置），采用测线法等手段测得。岩石节理裂隙调查目的是为了获取围岩及矿体的节理信息，以确定式 (5-45) 中的 B 值和 C 值，主要包括如下内容：

（1）节理组数调查 (J_n)。节理组数主要用来评价围岩及矿体的质量，评分见表5-9。

表5-9　节理组数评分表

节 理 组 数	节理组评分
大规模，很少或者无节理	0.5~1.0
1组节理	2
1组节理+无规则结构	3
2组节理	4
2组节理+无规则结构	6
3组节理	9
3组节理+无规则结构	12
4组或多于4组节理，无规则结构，多个节理组，方糖块状	15
碎石，土状	20

（2）主要节理组的方位的测量。包括围岩和矿体的走向、倾向及倾角，通过 stereonett 软件进行节理分析，获得围岩及矿体的优势节理组。分析结果将被用于下面讲到的采矿设计稳定参数和稳定采矿设计水力半径的估算。

（3）最软弱节理组中节理面粗糙度 (J_r) 的确定。节理面粗糙程度归纳为下列4种：平直型、波浪型、锯齿型、台阶型，评分如图5-31所示。

（4）最软弱节理组中节理面蚀变程度 (J_a) 的确定。进行节理面调查时，节理面的蚀变系数根据表5-10的标准进行评分。

表5-10　节理面蚀变程度评分标准

节理面蚀变程度	蚀变系数
紧密愈合	0.75
仅表面染色	1.0
节理稍有蚀变	2.0~3.0
低摩擦表层（绿泥石、云母、滑石、黏土），厚度<1mm	3.0~6.0
薄断层泥，低摩擦性，或者膨胀黏土，厚度1~5mm	6.0~10.0
厚断层泥，低摩擦性，或膨胀黏土，厚度>5mm	10.0~20.0

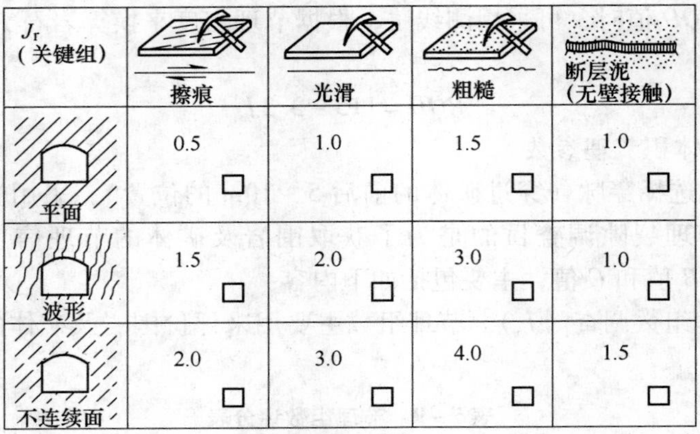

J_r （关键组）	擦痕	光滑	粗糙	断层泥 （无壁接触）
平面	0.5 ☐	1.0 ☐	1.5 ☐	1.0 ☐
波形	1.5 ☐	2.0 ☐	3.0 ☐	1.0 ☐
不连续面	2.0 ☐	3.0 ☐	4.0 ☐	1.5 ☐

图 5 - 31　节理面粗糙程度评分标准

（5）节理中水含量因素（J_w）的估计。节理面的含水状况对节理的性质有很大影响，评分见表 5 - 11。

表 5 - 11　节理面含水状况折减系数评分表

节理面含水状况	折减系数
开挖时干燥（现场状况 5L/min，＜98kPa）	1.0
中等水流或水压（98 ~ 245kPa）	0.66
大量水流或高水压，未在节理间积水（245 ~ 980kPa）	0.5
大量水流或高水压，在节理间沉淀（245 ~ 980kPa）	0.33
极大量水流或高水压（开挖后减少）（＞980kPa）	0.2 ~ 0.1
特大水量或水压（开挖后未减少）（＞980kPa）	0.1 ~ 0.05

实地进行地压调查，确定采动过程中应力变化等，并确定压力折减系数。现场的压力折减系数，按照图 5 - 32 所示的标准进行评价。

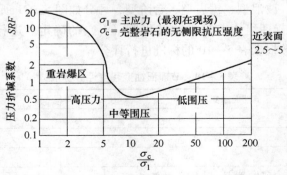

图 5 - 32　压力折减系数曲线图

（SRF 根据现场压力来决定。对于各项高应力，当 $5 < \sigma_1/\sigma_3 < 10$ 时，

用 $\sigma_c' = 0.8\sigma_c$，当 $\sigma_1/\sigma_3 < 10$ 时，$\sigma_c' = 0.6\sigma_c$）

如图 5 - 33 ~ 图 5 - 35 曲线所示，根据上述现场调查数据确定 A、B 和 C 值。

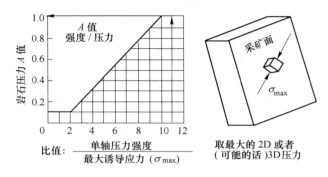

图 5 - 33　A 值确定方法图

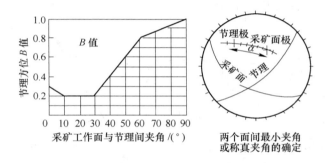

图 5 - 34　B 值确定方法图

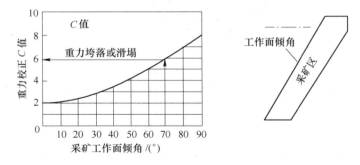

图 5 - 35　C 值计算图

在现场调查的基础上，计算出稳定数 N 为 7，依据上面的分析步骤对 3840m 水平采场的采空区的安全跨度进行了计算。采场斜高 22m，开采宽度平均为 1.5m，计算出试验采矿稳定的采矿跨度为 45m。建议采场长度定为 40 ~ 50m。

5.3 崩落法隐覆型采空区稳定性分析

5.3.1 工程背景

由崩落法采空区特征可知，此种类型采空区的形成主要是由于上覆岩层的移动和垮塌所致，因此采空区往往处于上覆岩层中，且随着覆盖层的移动其位置、大小都会发生变化，因此对崩落法隐覆型采空区稳定性进行研究，首先要对覆盖层的移动规律及应力应变规律进行研究。以程潮铁矿西区为工程背景，采用离散元模拟软件 UDEC 进行稳定性的模拟分析。

选择如图 5-36 所示的 I 剖面，下盘有箕斗井、新主井，至 2013 年 9 月 I 剖面上盘移动范围距箕斗井水平距离 138m。自 2007 年 12 月至 2013 年 9 月 I 剖面下盘移动范围扩张水平距离为 118m，上盘移动范围扩张水平距离为 119m。上下盘移动范围发展速度相差不大。

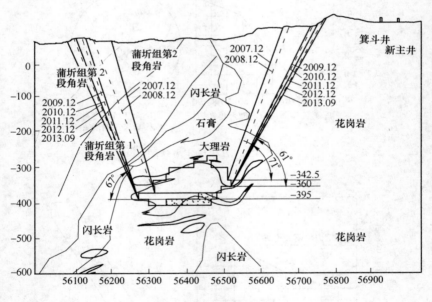

图 5-36 I 剖面移动角

剖面计算模型水平方向上从 3355150 至 3357250，宽为 2100m；垂直方向上模型从地表至 -700m 水平，高度为 790m。根据 I 剖面地质资料，采区矿体覆岩包括：角页岩、大理岩、闪长岩、斑岩、石膏、花岗岩和第四系黏土碎石层等。岩石的自然分布较为复杂，加上各种岩性的岩石相互夹杂小块非规则杂石，使得剖面的数值模拟难度很大。

UDEC 程序属于离散单元法中的一种，在计算过程中覆盖岩层块体会随着模拟开挖的进行逐步冒落，较小的夹杂岩石，对计算结果影响不大，但是对计算过程会产生很大影响，如块体尖角过多使程序计算容易报错，块体划分增加会大大减小计算速度等。

为减少计算量，本模型在设计过程中，适当简化覆岩的分布，删除了分布分散、单块面积较小的岩石。计算模型中主要考虑了角页岩、大理岩、闪长岩、石膏和花岗岩这几种主要围岩。图 5 - 37 和图 5 - 38 分别为简化后的 I 剖面地质剖面图及其相应的 UDEC 计算模型。

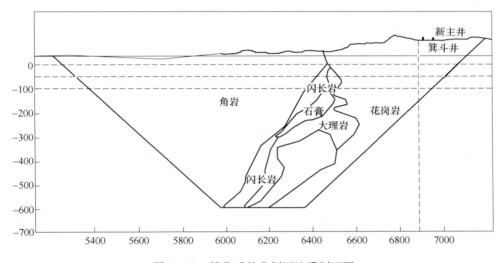

图 5 - 37　简化后的 I 剖面地质剖面图

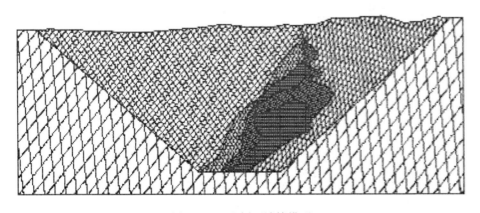

图 5 - 38　I 剖面计算模型

离散元计算是一种松弛迭代计算，目前程潮铁矿开采深度和宽度都很大，致使模拟过程中平衡计算步骤可能超过百万次，而且由于开采多分段、分部开采模拟，计算量将会非常大。为尽可能在不影响计算结果的基础上，减少计算量，本次模拟计算根据经验采用了上宽下窄的建模方法。对于远离开采区的、开采影响很小的部分适当调整节理密度，人为地增大了节理间距，以减少模拟过程中块体数量。

5.3.2　岩石力学参数和地应力场

　　计算中采用的矿岩的物理力学参数主要来源于中科院武汉岩石力学研究所 1997 年提出的《程潮铁矿东区工程地质、水文地质研究及评价》和程潮铁矿提供的地质报告。经对地质模型简化，模型中共涉及几种岩性，其具体名称及参数见表 5－12 和表 5－13。

表 5－12　程潮铁矿西区 37 号剖面岩体力学参数

岩性名称	堆积密度 /kN·m⁻³	弹性模量 /MPa	泊松比	内摩擦角 /(°)	内聚力 /MPa	抗拉强度 /MPa
角岩	22.3	2992	0.23	31.8	1.84	0.18
铁矿	43.3	5352	0.31	38.1	2.48	0.25
硬石膏	28.3	2136	0.26	23.9	1.24	0.12
大理岩	26.7	2569	0.28	30.2	1.70	0.17
花岗岩	24.7	2036	0.27	29.6	1.61	0.16
闪长岩	26.3	1850	0.27	61	0.8	0.16

表 5－13　矿岩节理参数

岩性名称	节理组编号	节理产状	节理间距/m
花岗岩	1	走向北 40°～60°东，倾向南东，倾角 68°～80°	8
	2	走向北 40°～65°西，倾向北东，倾角 40°～90°	
铁矿	1	走向北 13°～23°东，倾向南东，倾角 34°～68°	10～17.5
	2	走向北 54°东，倾向南东，倾角 76°	
角岩	1	走向北 30°～70°东，倾向北西，倾角 46°～83°	8～30
	2	走向北 50°西，倾向北东，倾角 65°	
闪长岩	1	走向北 30°～60°东，倾向南东，倾角 40°～90°	8
	2	走向北 20°～70°西，倾向北东，倾角 50°～85°	

　　基于位移反分析求解节理参数时，节理力学参数可通过实验室实验取得。实验取得节理力学参数客观有效，但是对于模拟地表移动这样的大范围数值计算来说，由于实验条件的限制，要通过实验取得完善、真实的岩石节理力学参数是不可能的。对于金属矿山，矿岩地质条件复杂，岩体节理的力学参数更是难以通过

现场或室内岩石力学实验取得。原因主要有以下几点：取样和试块加工过程中不可避免地会对岩石节理参数破坏；实验室内试块并不能完全代替深埋地表下的岩石，受到其所处环境的影响，其节理力学参数也相应发生变化。实验采样毕竟是有限的，对于跨度达到千米以上的计算范围，取得完善的实验数据是不符合成本效益的。

位移反分析法是以现场量测的位移为基础，通过反演模型系统的物理性质及数学描述，推算得到该系统的初始地应力和本构模型参数等的方法。此方法类似于以位移作为自变量，力学参数作为因变量，通过改变不同的力学参数，使模型计算出的结果接近已知的位移量，从而选取合适的力学参数。对于模拟程潮铁矿西区地表移动而言，由于有长达7年的地表位移监测数据，采用位移反分析法取得节理力学参数不仅可行，而且相比实验法更符合成本效益。

程潮铁矿采区地表布设有位移监测系统，在已知岩体的物理力学参数和节理分布的基础上，根据对西区不同回采阶段的地表沉降结果进行反分析，得出节理力学参数是可行的选择。位移反分析以 -360m 水平和 -375m 水平回采引起地表移动的范围作为依据。具体分析步骤如下：

（1）反分析节理力学参数。根据 -360m 水平回采结束时地表移动范围和已知的岩石力学参数，反分析节理力学参数。在这个步骤中，虽然节理力学参数是需要求解的值，但是根据数值模拟的客观顺序，需要尝试着在知道岩石力学参数的基础上，给节理赋值，计算求解。根据计算结果的移动角和地表监测实际的移动角相同或者相近（误差小于5%）时，将计算用的节理力学参数作为反分析初步结果。

（2）验证步骤（1）得到的节理力学参数。用第一步得出的参数模拟 -375m 水平回采结束时的地表移动范围（移动角），模拟结果跟实际监测结果对比，误差过大则调整参数重新进行"第一步"，由此循环，直至 -360m 水平和 -375m 水平模拟移动角跟监测结果误差均在可接受误差范围内。模型计算值与监测值的平均误差率下盘在5%以内，上盘在10%以内（下盘设有新副井等重要地面建筑，上盘村庄距离采区较远，故对下盘设置更低的可接受误差），视为参数选取合理。

-375m 水平回采验算模型如图 5-39 所示，验算结果为 -375m 水平回采结束，下盘移动角59°，上盘移动角67°。实际监测结果为下盘移动角61°，上盘移动角68°。位移反分析得出的节理力学参数如表 5-14 所示。

表 5-14 位移反分析得出的程潮铁矿岩体节理力学参数

岩性名称	法向刚度 K_n/GPa	切向刚度 K_s/GPa	内摩擦角 φ/(°)	内聚力 c/MPa	抗拉强度 T/MPa
角岩	11.3	11.3	29	1.8	0.18
闪长岩	7.89	7.89	35	2.0	0.20

岩性名称	法向刚度 K_n/GPa	切向刚度 K_s/GPa	内摩擦角 φ/(°)	内聚力 c/MPa	抗拉强度 T/MPa
花岗岩	10.2	10.2	22	1.2	0.12
大理岩	10.8	10.8	28	1.6	0.16
石膏	8.22	8.22	41	1.5	0.15
铁矿	21.0	21.0	30	1.2	0.12

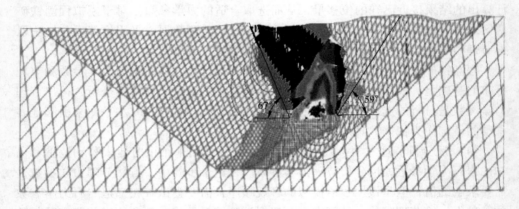

图 5 – 39　　– 375m 回采验算模型

5.3.3　边界条件和初始平衡

在模拟计算中，边界条件是表征模型边界的变量组成，包括应力边界和位移边界。UDEC 模型的缺省边界为自由边界，在多数计算中需要对边界施加约束。根据程潮铁矿具体情况，初始应力按构造应力设置，即：

$$\sigma_y = \gamma h, \ \sigma_x = \sigma_z = \lambda \sigma_y, \ \lambda = \frac{\mu}{1 - \mu} \tag{5 – 48}$$

式中　　　λ——水平应力场的侧压力系数；

　　　　　μ——泊松比；

　　$\sigma_x, \sigma_y, \sigma_z$——分别为 x、y、z 方向上的应力分布。

各向应力与自重体力荷载共同形成计算体的力平衡方程的荷载向量，最终求得计算体内的初始应力。

模型的边界条件设定为：在模型两侧施加滑动约束，即在模型两侧指定各块体在 x 方向上的位移（速度）为 0，y 方向上无约束；在模型底部施加固定约束，即在模型底部指定各块体在 x、y 方向上的位移（速度）均为 0。

UDEC 模型进行开挖模拟前，在给定的边界条件和初始条件下，进行计算获得初始平衡是十分必要的。对于任何模型的数值分析，不平衡力不可能完全达到零，当最大的结点不平衡力与初始所施加的总的力比较相对较小时（最大不平衡力与初始的不平衡力之比为0.01%），就可认为模型达到平衡状态。如图5-40所示为模型最大不平衡力曲线，从图中可以看出，模型的最大不平衡力经过25000步的计算之后已经由12.4MPa降低至接近0，并且保持稳定，在此情况下，认为模型已经达到了初始平衡状态。

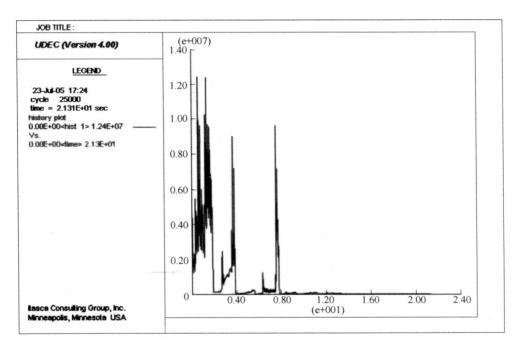

图5-40　Ⅰ剖面模型初始运行中的最大不平衡力曲线

5.3.4　模拟分析方案

　　模拟崩落法开采通过删除相应块体实现，模拟充填法开采通过改变相应块体为"空单元"材料（zone model null），再改变"空单元"材料为"双屈模型（double-yield）"材料（zone model dy）来实现。由于计算量太大，不考虑各分段内部开采顺序，对每一个分段一次性全部采出。崩落法各分段由上往下开采，上一分段模型计算平衡后，开挖下一分段。充填法由-500m往上按分段开采至-430m，下一分段模型计算平衡后开采上一分段。假设各分段回采瞬时完成。本模型研究范围未考虑西区矿柱回采。

　　开挖模拟包括已经回采部分和待回采部分，针对已经回采部分，以工程边界线为开挖边界；尚未回采但是已有工程部分，以现有工程边界为开挖边界；尚未回采且未形成进路部分，以矿体边界作为开挖边界。开采范围如图 5 – 41 所示，图中条带状部分为分步开挖部分。

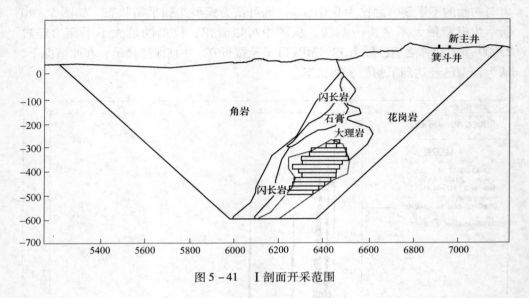

图 5 – 41　Ⅰ剖面开采范围

为使模拟过程更准确，更贴近实际采矿过程，在数值计算中设计了如下的块体开挖方法：

（1）– 290 ~ – 375m 水平，这部分矿体已经回采完毕，应用的采矿方法为崩落法，模拟中对这部分块体开挖采用直接删除回采部分的办法。具体操作为按一个分段为一个模拟单元，一次性删除一个分段内矿体。模型运行平衡之后开挖下一个分段。

（2）– 395 ~ – 430m 水平，这部分矿体正在回采或者已经按无底柱分段崩落法的井巷布置完成了采准工作，模拟采用崩落法开采，具体方法同上。

（3）– 447 ~ – 500m 水平，这部分矿体处于无底柱分段崩落法转向充填法的一个过渡衔接区域。模拟过程中，对这部分矿体分别采用崩落法和充填法开采，对两种采矿方法的实施效果进行比较。

图 5 – 42 ~ 图 5 – 48 分别为Ⅰ剖面和Ⅱ剖面模拟过程中的部分截图。每个水平的开采方法如表 5 – 15 所示。

表 5 – 15　模拟开挖方法（未考虑西区矿柱）

模拟水平 /m	开采情况	实际使用的采矿方法	目前形成的工程	模拟采用的采矿方法
– 290 ~ – 375	回采完毕	无底柱分段崩落法	—	无底柱分段崩落法

模拟水平 /m	开采情况	实际使用的采矿方法	目前形成的工程	模拟采用的采矿方法
-395	正在回采	无底柱分段崩落法	已经按无底柱分段崩落法完成采准工作	无底柱分段崩落法
-410	正在回采	无底柱分段崩落法	已经按无底柱分段崩落法完成采准工作	无底柱分段崩落法
-430	未大规模开采	初步确定为无底柱分段崩落法	已经按无底柱分段崩落法完成采准工作	无底柱分段崩落法
-447 ~ -500	未大规模开采	作为无底柱分段崩落法转向充填法的衔接阶段	未进行采准或部分开始采准	方法1：无底柱分段崩落法；方法2：充填法

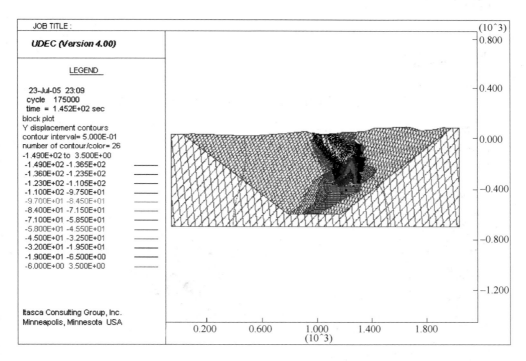

图 5 - 42　Ⅰ剖面崩落法开采至 -375m 水平覆盖层移动

5.3.5　计算结果分析

本节采用 UDEC 4.0 软件模拟了程潮铁矿Ⅰ和Ⅱ剖面在崩落法开采情况下覆盖岩层的移动规律。经过总结可得出如下几点定性规律：

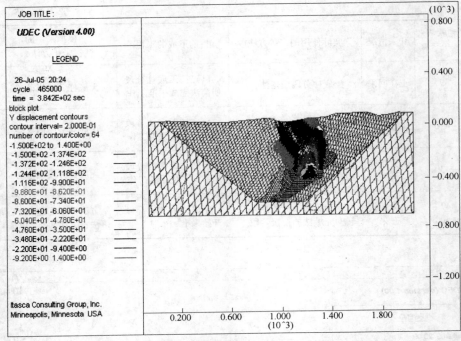

图 5 - 43　Ⅰ剖面崩落法开采至 - 430m 水平覆盖层移动

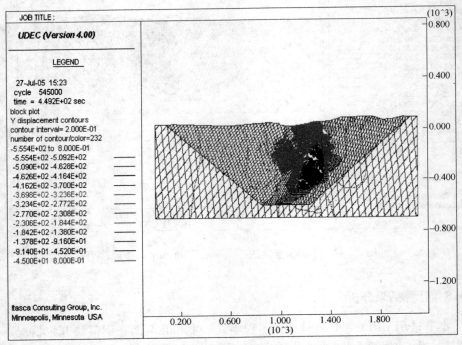

图 5 - 44　Ⅰ剖面崩落法开采至 - 500m 水平覆盖层移动

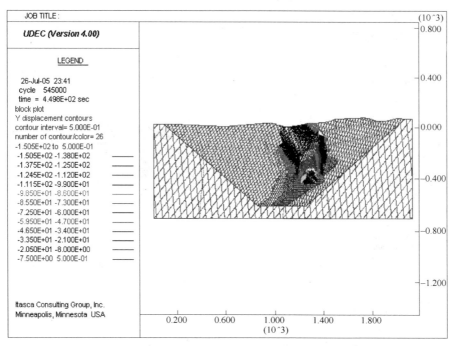

图 5 – 45 Ⅰ 剖面充填法开采 –430 ~ –500m 覆盖层移动

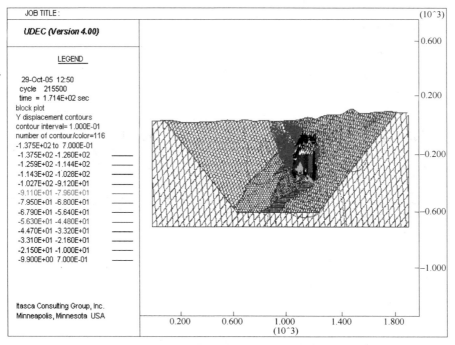

图 5 – 46 Ⅱ 剖面崩落法开采至 –395m 水平覆盖层移动

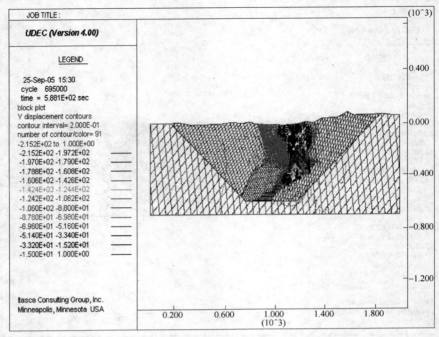

图 5 - 47　Ⅱ剖面崩落法开采至 - 500m 水平覆盖层移动

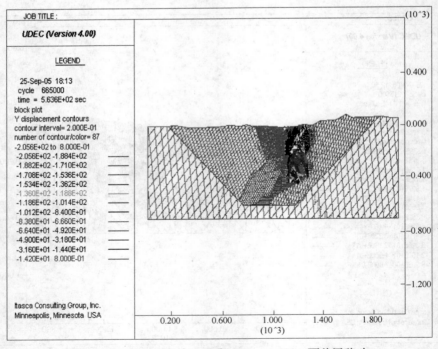

图 5 - 48　Ⅱ剖面充填法开采 - 430 ~ - 500m 覆盖层移动

（1）覆盖岩层冒落并非一个连续的过程，存在一定的间歇性和跳跃性。

以Ⅰ剖面 −342.5m 水平和 −360m 水平开采为例，−342.5m 水平开采至覆岩冒落过程如图 5−49 所示。图 5−49（a）为挖出 −342.5m 分段矿体，图 5−49（b）为进行 30000 次计算之后覆盖岩层冒落情况，图 5−49（c）为采出 −360m 水平矿体，并进行 30000 次计算之后的冒落情况，图 5−49（d）为计算过程中不平衡力的演变。从图中可以看出，−342.5m 分段矿体回采之前，覆盖岩层并没有随着 −325m 水平矿体的回采而连续冒落，而是形成了图中椭圆所示的采空区（见图 5−49（a））；进行 30000 次计算后，该部分采空区顶板并未冒

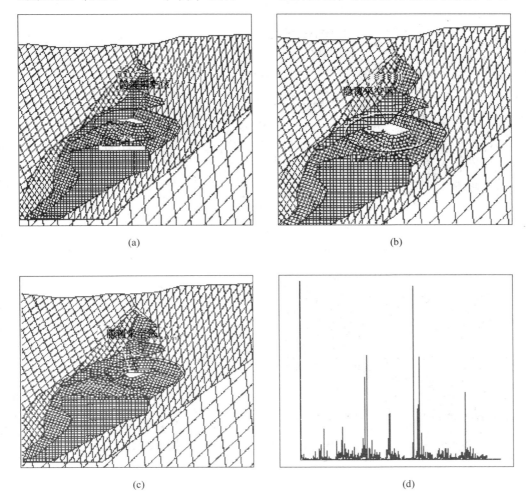

(a)

(b)

(c)

(d)

图 5−49　覆盖岩层间歇性冒落

（a）采出 −342.5m 分段矿体；（b）采出 −342.5m 分段矿体计算平衡；

（c）采出 −360m 水平矿体计算平衡；（d）计算过程中不平衡力的演变

落，而且采空区跨度增大（见图 5 – 49（b））；采出 – 360m 水平矿体，并进行 30000 次计算后采空区顶板突然垮落，采空区以上岩层开始向下移动（见图 5 – 49（c））。

（2）覆盖岩层可能形成自稳的冒落拱，可能形成一定规模的隐覆采空区。

图 5 – 50（a）~图 5 – 50（c）分别为 Ⅰ 剖面崩落法开采至 – 395m 水平、– 430m 水平和 – 500m 水平覆盖岩层的冒落情况及隐覆采空区分布情况（各图均为运行至平衡状态之后给出）。图 5 – 50（d）为开采至 – 500m 水平模型不平衡

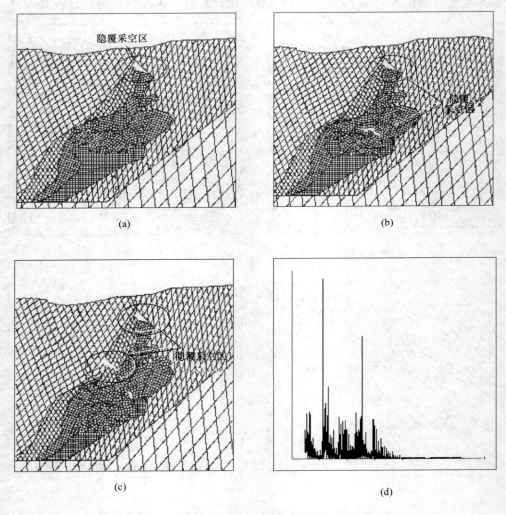

图 5 – 50　Ⅰ 剖面模拟过程中出现的隐覆采空区
（a）崩落法开采至 – 395m 覆盖岩层冒落；（b）崩落法开采至 – 430m 覆盖岩层冒落；
（c）崩落法开采至 – 500m 覆盖岩层冒落；（d）开采至 – 500m 水平模型不平衡力的演变

力的演变。根据图中所示的冒落情况可以看出，采空区覆盖岩层在冒落过程中，由于块体之间的相互作用，会在一定的跨度范围内形成一个拱形的稳定区，从而产生一个或多个隐覆采空区。

图5－51所示为覆盖岩层移动的矢量图，图5－52所示为Ⅰ剖面采至－342.5m隐覆采空区的主应力分布图。

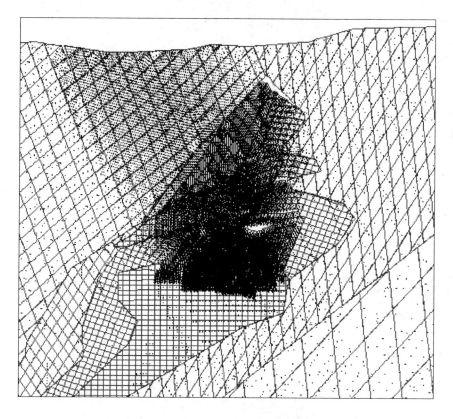

图5－51 覆盖岩层移动的矢量图

（3）开采过程中会引起采区上下盘应力增加，采场正下方应力减小。

图5－53~图5－55分别为Ⅰ剖面模拟过程采用崩落法开采至－412m水平、－430m水平和－500m水平时模型垂直应力分布图。模型两端扰动小，应力保持为初始的水平层状分布，中部受到采矿活动影响，三个图均呈现出驼峰状的应力分布，上下盘应力较同水平未受扰动区域高。以图5－53为例，与采场同水平的未受扰动区域应力为11~13MPa，受采矿活动扰动之后，采场位置应力降低至7~9MPa，而与采场同水平的上下盘围岩垂直应力上升至13~15MPa。图5－54和图5－55也显示出类似规律。

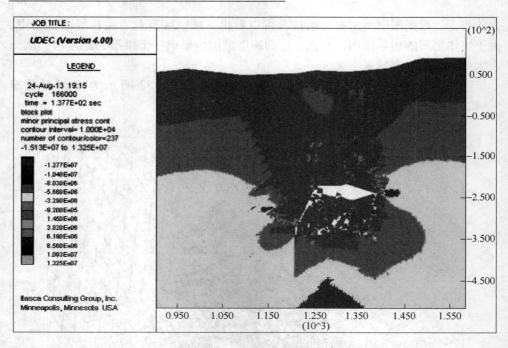

图 5 – 52 I 剖面采至 – 342.5m 隐覆采空区主应力分布图

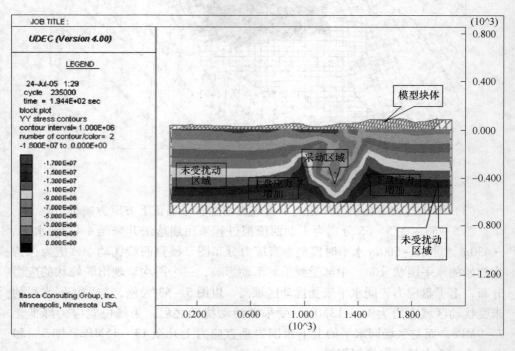

图 5 – 53 I 剖面崩落法开采至 – 412m 水平模型垂直应力分布

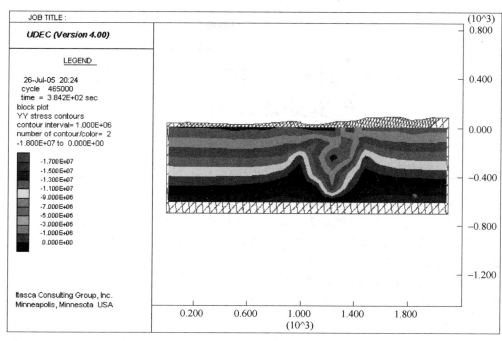

图 5-54 I 剖面崩落法开采至 -430m 水平模型垂直应力分布

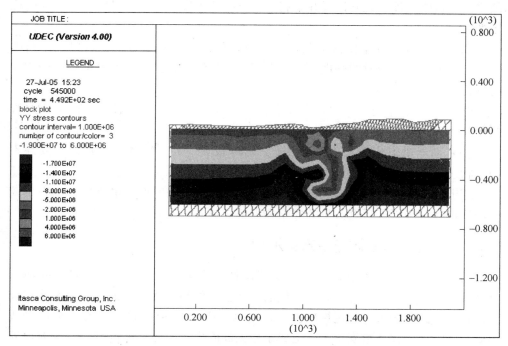

图 5-55 I 剖面崩落法开采至 -500m 水平模型垂直应力分布

6 石人沟铁矿 −60m 水平采空区充填处理工程实例

6.1 石人沟采空区不同处理方案研究

充填是对采空区处理的最重要的方法，但是充填采空区作业要多个部门进行协调，受制因素较多，不能对采空区进行及时的充填处理，因此在充填采空区之前，应首先采取其他辅助措施来进行处理。根据石人沟采空区的实际情况，可采取如下的处理措施：

（1）对于断层间和断层南的采空区，由于该区域开采已经结束，岩石较破碎，有些巷道已经坍塌，上部的露天坑已经全部回填，因此可采用崩落顶板的方法来处理采空区。

（2）南采区北端的采空区，可采用封闭采空区出口的方法先进行处理，封闭之前应首先在顶板处开设天井以利于采空区的排气，打天井时应注意顶板的稳定性。

（3）对于北分支采空区，稳定性相对较好，但是水量较大，可以采用封闭采空区的方法进行暂时的处理，并且在顶板处打设天井，但具备充填条件后应及时进行充填。

（4）对于斜井的 7 和 24 号采空区，稳定性较好，可以先对采空区进行封闭。

（5）对于措施井的采空区，由于其密度较大，大多数处于不稳定和局部不稳定状态，应该及时进行充填处理。

综上所述，对于目前石人沟铁矿 −60m 以上水平采空区，最终应采用充填的方法进行处理，以保证露天矿的安全和下部矿体开采的安全。

6.2 采空区处理总体充填方案规划

南区的矿房回采率不到 50%，所留矿柱较完整，采空区顶板较低，除南分支之外大部分稳定性较好，并且南区的生产已经停止。北区的采空区大多体积较大，顶板暴露面积大，稳定性较差，并且北区还有约 30 个矿房正在进行回采或出矿，采空区的存在给安全生产造成了极大的隐患。因此，在进行采空区充填处理总体规划方案设计的时候主要考虑以下几个方面：

（1）采空区稳定性差，需要及时处理。

（2）采空区对周围生产有较大的影响，对安全生产造成安全隐患。

（3）某一区域采空区较集中，且较独立，布置充填工程时对周围的生产影响较小。

（4）根据 0m 巷道情况，充填工程应较易布置。

依据上述原则，结合石人沟铁矿生产实际和采空区分布的特点，确定了采空区充填处理总体规划方案。总体充填规划如下：

（1）北分支 17 ~ 19 号矿房作为首充矿段，目前正在进行充填。

（2）南分支（18 ~ 20 勘探线）生产比较独立，采空区较危险，内部的 5、6 号采空区已经塌陷，该部分作为第二步的充填区域，目前该区域已经进行封堵，充填挡墙位于南分支出口，内部滤水管已经布置完毕，准备充填。

（3）由于北区（7 ~ 13 勘探线）的 24、25 和 28 号采空区已与 0m 回风巷连通，且为确保北区充填的顺利进行，必须对其进行充填，该部分作为第三步充填区域。

（4）北区（7 ~ 13 勘探线）11、12、13 和 42 号采空区比较独立，充填工程布置较容易，作为第四步充填区域。

（5）北区的 35 和 36 号采空区体积较大，上部地表地压活动频繁，该区域作为第五步充填。

（6）北分支其他矿房位于巷道东侧，采空区之间距离较小，作为一个整体进行充填。

（7）北区其余的采空区按照矿房生产顺序，依次进行充填。

（8）第八步充填区域为措施井区域（5 ~ 7 勘探线），作为整体充填。

（9）南区的采空区，所留矿柱较完整，将其放在最后进行充填。

6.3 采空区充填预处理

采空区充填前需对采空区进行必要的预处理和施工，以保证采空区充填处理的顺利进行。一般从三个方面对采空区进行处理和施工，即充填挡墙设计与施工、采空区充填脱水设计与处理及充填钻孔的设计与施工。

6.3.1 采空区充填挡墙设置需要考虑的问题

正确合理的分析充填挡墙上的受力状况，合理计算充填挡墙受力大小，不仅对矿山安全生产及矿山充填作业有益，而且对降低矿山充填成本、提高矿山整体经济效益有利。因此，充填挡墙的设置一般需要考虑以下几个方面：

（1）充填挡墙受力大，容易产生局部位移变形，充填时跑浆，不但污染井下的工作环境，同时也造成水泥的流失、充填不能够接顶等。

（2）充填挡墙受力太大而倒塌，不但大量砂浆流失，还会造成人员伤亡、设备损坏、巷道堵塞，严重的还可能导致矿山停产。

（3）充填挡墙设置过多或太厚，都会造成人力、物力上的浪费，同时还延时误工，影响整个矿山的生产进度，降低劳动生产率。

6.3.2　充填挡墙厚度计算

由于一次充填不能超出 3m，所以设计按照一次 2.5m 的高度计算，设计挡墙材料所需的挡墙宽度。充填挡墙结构厚度计算公式采用楔形计算法，参考《采矿设计手册（井巷工程卷）》防水闸门设计。

（1）按照抗压强度计算：

$$B = \{ [(b+h)^2 + 4Fbh/f_c]^{\frac{1}{2}} - (b+h) \} / (4\tan\alpha) \qquad (6-1)$$

式中　B——充填挡墙厚度；

　　　b——充填挡墙所在巷道处净宽度；

　　　h——充填挡墙所在巷道净高度；

　　　F——充填挡墙上的静水压力；

　　　f_c——所选充填挡墙材料的抗压强度。

（2）按抗剪强度计算：

$$B = bhF/2(b+h)f_v \qquad (6-2)$$

式中　f_v——所选充填挡墙材料的抗剪强度。

（3）按抗渗透性条件计算：

$$B \geqslant 48Kh_{bh} \qquad (6-3)$$

式中　K——充填挡墙的抗渗性要求，取 $K = 0.00003$；

　　　h_{bh}——设计承受静水压头的高度。

6.3.3　充填挡墙排水设计

水对充填挡墙将产生压力，及时排除充填挡墙后的水，对减小挡墙压力及防止充填料浆离析有积极的意义。排除充填挡墙后的水，通常是在墙身设置排水孔，排水孔的水平间距和竖直排距均为 1~2m，排水孔应向外做 5% 的坡度，以利于水的迅速下泄。孔眼选择圆形，直径为 5cm，排水孔上下层应错开布置，即整个墙面为梅花形布孔，最低一排排水孔应高于墙前地面，当充填挡墙前有水时，最低一排排水孔应高于挡墙前水位。充填挡墙排水孔的布置如图 6-1 所示。

另外，充填挡墙应该留出滤水孔，用于和采空区中的滤水管连接，滤水管的布设情况根据充填采空区大小和实际情况而定。

6.3.4　料浆反滤层设置

充填挡墙为长期使用的构筑物，为确保墙后排水孔通畅不被堵塞以及防止充

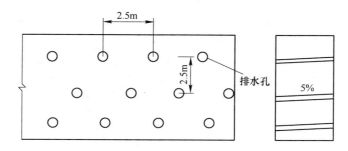

图 6-1　充填挡墙排水孔的布置

填料浆外流，孔的进口处必须设置料浆反滤层设置。

可以用纺织材料做反滤层，充填挡墙砌成后，在其墙后用纺织材料将整个墙面铺满，纺织材料最好有一定的厚度或是多铺几层，并且一定要将纺织材料拉紧铺平，使其能够承受一定应力，但要避免拉拽过紧，以防止滤水材料大面积脱落和撕裂。也可以使用废石做反滤层，将废石堆放于充填挡墙后，靠近挡墙处应尽量避免堆放大块度的废石，废石堆放厚度一般为 100~150cm。

6.3.5　-60m 水平采空区充填挡墙设计

6.3.5.1　充填挡墙位置选择

充填挡墙在采空区充填过程中是一个比较关键的环节。它不但是防止充填料浆泄漏的主要手段，也是充填过程中排水的主要出口，因此正确地选择充填挡墙的位置是充填成功的前提。在选择充填挡墙位置的时候应遵循下列原则：

（1）充填挡墙所在位置的围岩状况要好，没有大的裂隙、突出的岩石，巷道表面平整，易于施工。

（2）充填挡墙所处巷道断面应尽量小，断面过大不但不易施工，而且充填挡墙的厚度会因此而增大较多，提高施工成本。

（3）充填挡墙所处位置应利于采空区的排水，不应离采空区太远，这样可以减小排水管的铺设长度，节约成本。

（4）考虑到下部要用嗣后充填的方法开采，因此应尽可能保留状况较好的巷道，充填挡墙布置时应尽量减少对巷道的占用。

根据充填规划中所划分的充填区域，依据上述原则，对每个区域的充填挡墙设置位置进行了选择，如图 6-2~图 6-6 所示。由于南区的采空区比较小，顶板暴露面积较小，稳定性较好，放在最后处理，暂不进行规划设计。北分支的 17~19 号采空区已经开始充填，这里不再列出。

由上述图可以看出，总共需要设置 43 道充填挡墙，其中南分支设置 1 道，区域（3）和（4）共设置 17 道，区域（5）设置 6 道，1 号井设置 11 道，北分

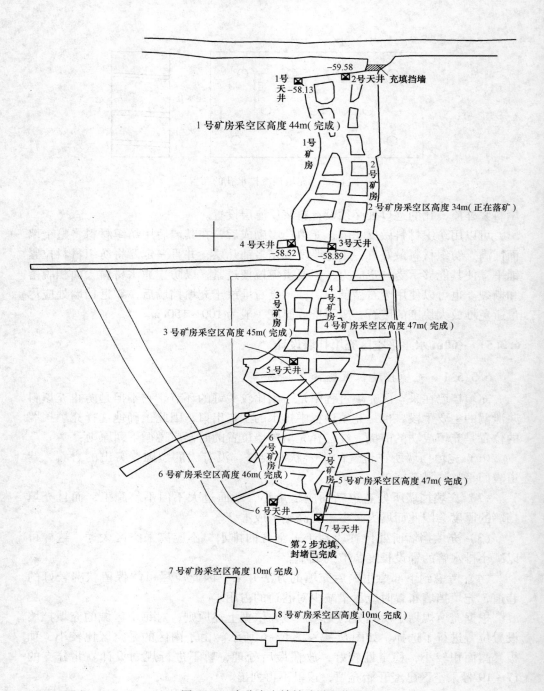

图 6-2 南分支充填挡墙设置位置

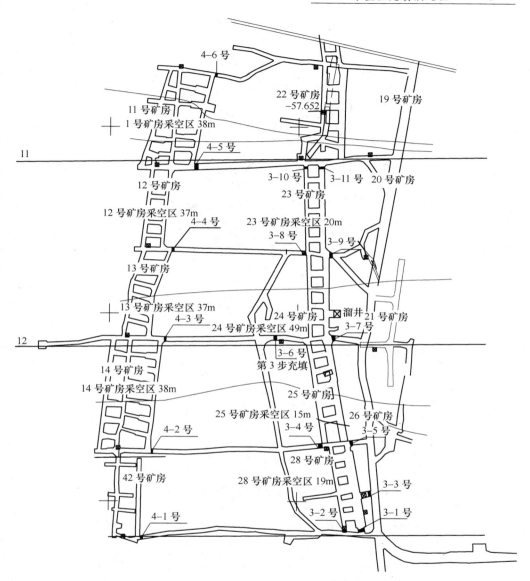

图 6-3 区域（3）和（4）充填挡墙设置位置

（图中黑色实体块表示充填挡墙）

支设置 8 道，剩余矿房随着开采的进行根据实际情况设置挡墙。

6.3.5.2 充填挡墙厚度计算

由前文的力学分析可知，充填挡墙的厚度和受力状况与充填挡墙所在巷道截面尺寸、采空区高度及一次充填高度有关，因此首先要确定挡墙所在位置的截面尺寸，然后再确定一次充填的高度。

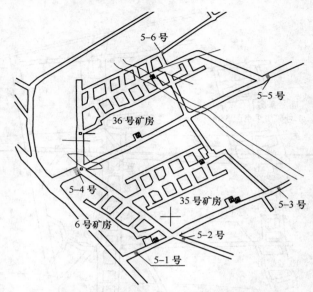

图 6 − 4 区域（5）充填挡墙设置位置

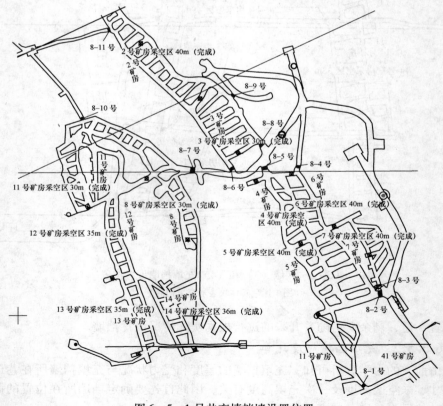

图 6 − 5 1 号井充填挡墙设置位置

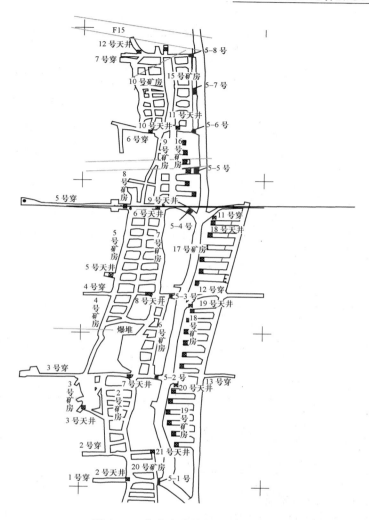

图 6-6 北分支充填挡墙设置位置

经调查，石人沟巷道的高度基本在 3m 左右，而宽度则因截面位置不同而呈现较大差异。为了使设计有一定的通用性，共设计了 5 种尺寸，宽度×高度分别为 2.5m×3m、3m×3m、3.5m×3m、4m×3m 和 4.5m×3m。根据充填挡墙力学计算公式可得不同充填高度条件下充填挡墙上的总压力、最大弯矩和作用点位置，如表 6-1 所示。

从表 6-1 可以看出，当一次充填高度在 2m 以下时，充填挡墙的压力较小，大于 2m 时受力急剧增加，当一次充填高度达到 3m 时，充填挡墙受到的总压力大于 371.81kN，最大弯矩大于 306.25kN/m。根据经验可知，在这种受力状态下，建筑一般性充填挡墙，很难满足现场的强度需求。

表 6 − 1 不同尺寸充填挡墙受力列表

		充填高度/m	1	1.5	2	2.5	3	3.5	4	4.5
挡墙尺寸 /m×m	2.5×3	总压力 P/kN	39.30	86.83	146.80	247.06	356.13	493.33	637.98	806.83
		最大弯矩 M_{max}/kN·m	20.48	51.35	116.62	205.51	299.49	325.46	338.40	350.64
		作用点 Z_0/m	2.0	2.1	2.2	2.0	1.6	1.5	1.4	1.4
	3×3	总压力 P/kN	41.26	92.90	155.43	258.13	371.81	502.25	650.13	840.45
		最大弯矩 M_{max}/kN·m	20.87	58.11	124.46	208.45	306.25	404.05	512.93	631.81
		作用点 Z_0/m	2.3	2.2	2.1	2.0	1.9	1.8	1.7	1.6
	3.5×3	总压力 P/kN	42.37	110.15	166.40	259.12	364.85	521.95	686.98	889.45
		最大弯矩 M_{max}/kN·m	24.5	61.05	132.89	218.74	313.40	419.05	521.65	642.49
		作用点 Z_0/m	2.5	2.3	2.1	2.0	1.9	1.8	1.7	1.6
	4×3	总压力 P/kN	45.37	118.19	210.11	328.30	472.75	643.47	840.45	1063.30
		最大弯矩 M_{max}/kN·m	30.38	61.84	136.71	263.52	379.36	428.96	528.81	649.54
		作用点 Z_0/m	3.2	3.3	3.2	3.1	3.0	2.8	2.7	2.5
	4.5×3	总压力 P/kN	52.53	137.79	243.43	360.64	529.30	689.53	887.49	1083.88
		最大弯矩 M_{max}/kN·m	33.32	71.64	141.61	274.30	392.10	449.92	547.43	689.63
		作用点 Z_0/m	3.5	3.3	3.1	3.0	2.9	2.8	2.6	2.5

由于充填料浆进入采场后自然沉降凝固，根据其他矿山经验，一般充填一天后充填料浆完全沉降并开始凝固，此时，充填料浆已变为充填体，并产生凝聚力，对挡墙不产生压力。因此，两次充填间隔 16h 以上时，充填挡墙受力只考虑充填料浆对充填挡墙产生的压力。

根据上述分析，当一次充填高度小于 2.5m 时，采用混凝土充填挡墙和砖砌充填挡墙都是可行的。因此在进行采空区充填时，第一次充填高度应严格控制，不要超过 2.5m，待充填体初凝后，增强其自身的自立性。当充填达到充填挡墙以上时才可以连续充填。

实际情况中巷道尺寸会略有差别，可参考表 6 − 1 中的数据取值，随着充填挡墙尺寸的增大，受力也就越大。

底部结构的充填挡墙受到的压强较大，为了保证安全，底部结构的充填挡墙选择钢筋混凝土作为充填挡墙的材料，采用 C20 混凝土浇筑并配有 φ10mm 钢筋，天井联络道中所受的压强较小，可采用普通烧结砖与砂浆砌筑。

充填挡墙的厚度不仅与巷道尺寸有关，而且还与采空区的高度有关。由于充填是多个采空区一起充填，因此为保证充填挡墙的安全，以同一区域内最高的采空区的高度为标准，按照前文的计算公式计算厚度。为了使设计有一定的通用性，分别选取了30m、35m、40m、45m和50m五种高度进行厚度的计算，对于其他不同高度的采空区可参考其中相近的数据，取比实际数据较高的数据。

挡墙采用C20混凝土浇筑，配筋ϕ10mm钢筋。C20混凝土设计抗压强度$f_c = 9.5$MPa，设计抗拉强度$f_t = 1.05$MPa，设计抗剪强度为：

$$\tau = 0.75\sqrt{f_c f_t} = 0.75 \times \sqrt{9.5 \times 1.05} = 2.369 \text{MPa}$$

（1）采空区高度为30m时的挡墙厚度，计算结果如表6-2所示。

表6-2　充填挡墙厚度计算结果（采空区高度30m）

挡墙尺寸/m×m	2.5×3	3×3	3.5×3	4×3	4.5×3
B_1/m	0.37	0.41	0.44	0.47	0.51
B_2/m	0.24	0.32	0.36	0.40	0.45
B_3/m	0.10	0.10	0.10	0.10	0.10
建议值/m	0.40	0.45	0.45	0.50	0.55

（2）采空区高度为35m时的挡墙厚度，计算结果如表6-3所示。

表6-3　充填挡墙厚度计算结果（采空区高度35m）

挡墙尺寸/m×m	2.5×3	3×3	3.5×3	4×3	4.5×3
B_1/m	0.39	0.42	0.46	0.52	0.62
B_2/m	0.26	0.36	0.41	0.45	0.48
B_3/m	0.10	0.10	0.10	0.10	0.10
建议值/m	0.40	0.45	0.50	0.55	0.65

（3）采空区高度为40m时的挡墙厚度，计算结果如表6-4所示。

表6-4　充填挡墙厚度计算结果（采空区高度40m）

挡墙尺寸/m×m	2.5×3	3×3	3.5×3	4×3	4.5×3
B_1/m	0.43	0.48	0.52	0.56	0.66
B_2/m	0.29	0.35	0.41	0.43	0.50
B_3/m	0.10	0.10	0.10	0.10	0.10
建议值/m	0.45	0.50	0.55	0.60	0.70

（4）采空区高度为45m时的挡墙厚度，计算结果如表6-5所示。

表 6 – 5 充填挡墙厚度计算结果（采空区高度 45m）

挡墙尺寸/m × m	2.5 × 3	3 × 3	3.5 × 3	4 × 3	4.5 × 3
B_1/m	0.48	0.54	0.56	0.67	0.71
B_2/m	0.39	0.45	0.49	0.53	0.60
B_3/m	0.10	0.10	0.10	0.10	0.10
建议值/m	0.50	0.55	0.60	0.70	0.75

（5）采空区高度为 50m 时的挡墙厚度，计算结果如表 6 – 6 所示。

表 6 – 6 充填挡墙厚度计算结果（采空区高度 50m）

挡墙尺寸/m × m	2.5 × 3	3 × 3	3.5 × 3	4 × 3	4.5 × 3
B_1/m	0.52	0.61	0.66	0.71	0.76
B_2/m	0.45	0.49	0.55	0.58	0.63
B_3/m	0.10	0.10	0.10	0.10	0.10
建议值/m	0.55	0.65	0.70	0.75	0.80

以上只是经过理论计算的结果，由于现场情况较复杂，施工条件有限，因此现场的充填挡墙的厚度不能低于建议值，并且应比建议值大 10% 左右。建议现场的施工挡墙厚度不宜小于 0.5m。

6.3.5.3 充填挡墙排水设计

在充填挡墙上设置滤水孔可以将挡墙后面的水迅速排出，缓解挡墙的压力，因此要正确地布置挡墙上的滤水孔。另外由于分区域充填，一次充填面积大，排水不便，需要在充填挡墙上留设孔与内部的排水管连接，以加强采空区的排水。

根据前文的充填挡墙排水设计原则，对石人沟的充填挡墙排水进行了设计，如图 6 – 7 所示。充填挡墙的下部主要布置与采空区内部滤水管相连的孔，这里只在图中进行示意，具体数量应根据采空区内部的滤水管布置来进行调整。

排水管的布置应根据挡墙的具体尺寸设计，排水管内部管口要用麻布、铁丝网或者纱布进行密封，防止漏浆，并定期检查，防止内部麻布破裂。

在挡墙后面布置反滤层可以防止充填

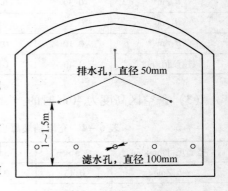

图 6 – 7 充填挡墙排水设计

料浆直接接触墙体，过快地堵塞排水孔，不利于采空区排水。根据前文的反滤层布置原则，对石人沟充填挡墙的反滤层进行了设计，如图 6 – 8 所示。现场施工时，根据实际情况布置。

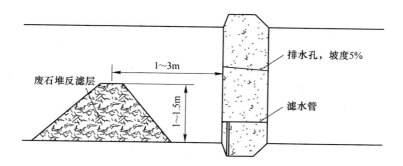

图 6-8　充填挡墙反滤层布置

6.3.5.4　充填挡墙施工技术

为满足充填挡墙强度、抗剪性及整体抗滑性要求，设计采用环状楔形钢筋混凝土结构形式，并在混凝土挡墙与周边围岩之间的楔形抗滑槽的周围设置一定数量的锚杆桩，一端与钢筋焊接胶结于墙体内，另一端深入岩体。封闭挡墙支撑面与巷道的夹角 α、β 由岩石的性质决定，石人沟铁矿岩石的稳定性较好，$f>6$，取 $\alpha=45°$，$\beta=70°$。充填挡墙设计示意图如图 6-9～图 6-11 所示。

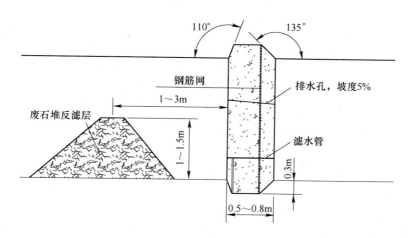

图 6-9　充填挡墙立面图

图中仅给出示意，具体的挡墙厚度和排水孔数量应根据实际情况选取。充填挡墙的锚杆数量根据现场实际情况可进行调整，但至少应保证有 6 根锚杆，以防止充填挡墙发生倾覆。

根据充填挡墙的设计形式，对挡墙的施工工艺进行了研究，具体的施工顺序及方法应根据现场情况进行及时调整。充填挡墙施工流程如图 6-12 所示。

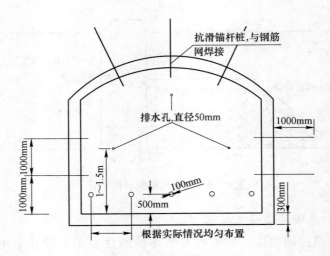

图 6-10　充填挡墙断面图

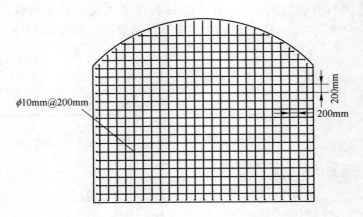

图 6-11　充填挡墙配筋图

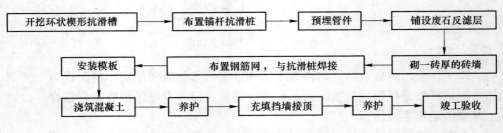

图 6-12　充填挡墙施工流程图

施工技术要点:

(1) 充填挡墙位置的选择:1) 必须处在需要封堵的坑道内;2) 所选位置坑道断面较小(至少不大于设计取值);3) 所选位置围岩整体性好,节理裂隙不发育。

(2) 开挖环状楔形抗滑槽。由于开挖的楔形槽较浅,无法采用爆破的方式,可采用气腿钻进行施工,施工的时候应尽量保证抗滑槽在一个平面内,楔形体的角度不要有较大偏差,开挖后槽面的浮石、岩渣及堆积物必须清除干净,并用高压水冲洗岩面。

(3) 锚杆抗滑桩及钢筋网的施工。为保证抗滑效果,锚杆桩应深入周围岩体 0.6~1m,并且要与钢筋网进行焊接。钢筋网在绑扎时应保证质量,垂直放置在抗滑槽内,与抗滑桩焊接,以确保钢筋混凝土封闭墙与周边围岩形成一个整体的受力结构。

(4) 在安装模板的时候,应保持模板的垂直,与巷道接触不要留有空隙,以免浇筑混凝土的时候出现跑砂。

(5) 混凝土挡墙与巷道的密实接顶。混凝土墙体凝固后,会产生一定的收缩,使墙体与围岩之间产生一些小的收缩缝,这些收缩缝如不进行处理,可能会漏水、漏砂,进而危及到整个墙体的安全。为解决这个难题,设计采用壁后注浆的方法进行处理。根据混凝土的特性,注浆接顶应在混凝土墙体浇筑完毕 14d 后进行。

(6) 混凝土及注浆水泥的选择。由于封闭墙属大体积混凝土工程,因此在施工过程中应充分考虑水泥的水化热对混凝土质量的影响。如果水泥型号选择不当,可能造成混凝土内部温度上升过快,使混凝土内外温度差过大,温差引起的应力会使混凝土产生裂隙。根据工程的需要,本设计选择了矿渣硅酸盐水泥,此种水泥的主要特点是水化热较小,耐热性较好,耐硫酸盐侵蚀和耐水性较好。

混凝土封闭墙凝结收缩后,与周边围岩会产生微小的壁后裂隙,此裂隙如不进行处理,事后可能给封闭墙的使用带来重大的安全隐患。因此可以说,封闭墙的壁后注浆密实施工是关系到工程质量的重要环节,为达到充分密实的质量要求,设计选用膨胀硫铝酸盐水泥作为壁后注浆所用水泥。

6.4 采空区充填排水设计及预处理技术

6.4.1 井下排水方法概述

充填效果是否好,关键在于其脱水工艺是否可靠。如果脱水工艺不可靠,空场内脱水效果不佳,则充填挡墙将承受较大的浆柱压力,易造成井下跑砂的重大安全事故;如果脱水工艺可靠,空场内脱水状态良好,不仅充填挡墙受压显著变小,可以保证安全,而且充填体更密实,充填速度可明显加快,也更有利于矿山的地压管理与生产管理。

对井下进行排水设计之前必须对充填料浆的脱水性能进行充分的研究，根据需要设计脱水试验。一般来说，提高尾砂充填浓度是充填脱水的基础。

目前主要的排水方式有以下几种：

（1）充填盘区周边侧向中深孔溢流排水。根据试验研究可知，尾砂沉降速度快，而充填体渗透率低，导致充填采场大量积水，在表面聚集有大量水，为此可采用此工艺，即在相邻未落矿采场的分层巷道内用中深孔凿岩机打孔并凿穿盘区壁柱，形成不同高度的侧翼脱水倾斜通道，当充填体表层水位上升到大于某一孔口高度时，表层积水便通过该孔及时排出，当充填料浆上升到该孔口时，采用麻布包扎木楔及时堵塞溢流孔即可。

该方法有一定局限性，要求采空区旁边必须有未落矿的采场并已开凿分层巷道，现场可根据实际情况决定是否采用。另外利用该方法只能排出充填料浆表层的水，当充填料浆达到孔位时，便不能发挥排水作用。

（2）采空区充填底部中深孔脱水。该方法主要针对采空区内部有大量废石的情况。在进行全尾砂胶结充填的时候，充填料浆进入采空区后，由于自然离析等原因，充填料浆充塞了废石体的间隙，使该地段废石充填体形成了自然的过滤层，此时在充填体下部用中深孔凿岩机开凿放水孔直接排水，可实现底部放水的目的。

（3）采空区内布置滤水管，通过挡墙上埋设的滤水管排出。该方法为目前主要的排水方式，排水效果明显且不受地质条件等因素影响，布置方式灵活，可根据现场情况灵活布置滤水管的形式，但是布置滤水管时人员需要进入采空区内，存在一定的安全隐患。

（4）利用钻孔安装滤水短管进行排水。当采空区情况较复杂，无法布置贯穿全场的滤水孔，或者滤水管无法从充填挡墙中伸出，则可利用该方法，在适合的位置打钻孔，从钻孔中把滤水管引出。该方法施工成本较高。

（5）利用采场原有的裂隙、断层构造排水。经过开采的影响，围岩会产生很多裂缝，对于较小的裂隙、断层，可以用来排水，而不产生漏浆，对于较大的裂隙和断层，必须进行处理，防止漏浆。该方法具有很大的偶然性，另外围岩的裂隙、断层在漏水的时候要时刻观察，防止因压力过大，缝隙变大，产生漏浆。

（6）利用自然渗透。该方法不需要布置任何工程，但是滤水很慢，不利于充填，一般不能单独使用，应辅以上述方法。

下面主要针对前三种方法进行叙述。

6.4.2　中深孔侧翼溢流脱水

该方法的关键是孔的布置，中深孔应设计成溢流孔即孔上倾，同时应设计成不同高度的孔，另外还要结合充填钻孔的布置进行溢流孔布置，设计施工示意图如图6-13所示。

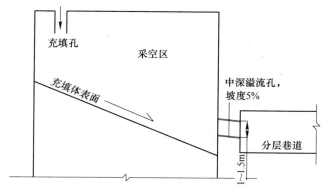

图6-13 中深孔侧翼溢流脱水设计施工示意图

使用该方法时，要注意不要使充填料浆从孔中溢出，所以应事先用麻布等堵塞，插入铁管，将外部管口密封。由图6-13可以看出，使用该方法时，首先要求在采空区旁边有未进行落矿的采场并有分层巷道，且孔应布置在充填体表面的下侧。

6.4.3 采空区底部中深孔泄水

当采空区内部有大量废渣且无法排出，尤其是无法布置滤水管时，可以采用此方法。此方法的关键是在采空区的底部找准打孔的部位，孔的数量视采空区大小而定，其施工示意图如图6-14所示。

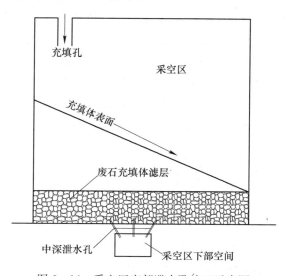

图6-14 采空区底部泄水孔施工示意图

使用该方法时,应首先充填一定的料浆并待其初凝之后才能进行打孔,所以要掌握好打孔的时机,避免打孔过早引起漏浆造成安全问题。

6.4.4 井下滤水管排水

6.4.4.1 井下滤水管布置原则

井下滤水管是目前充填排水最主要的手段。由于采空区面积比较大,如果单一依靠充填挡墙上的滤水孔排水,则会造成滤水效率低、充填体强度不够、充填料浆离析等现象,因此对井下进行充填滤水管的布置意义非常重大。

井下滤水管的布置应该选择好位置,确保滤水管可以从充填挡墙排水孔中穿过,并注意在同一水平面上滤水管的布置,尽量使滤水管能够均匀吸水。滤水管布置时需要考虑以下几个方面:

(1) 采场的形状。一般来说,若采空区壁出现内凹或者在拐角处易出现积水的现象,不利于排水,此时滤水管应从该部位通过。

(2) 采场顶、底部与充填挡墙的相对位置。滤水管的起点位置应布置在距离充填挡墙的远端位置,并保持一定的坡度。

(3) 滤水管距离下浆点较远,为避免料浆直接浇淋滤水管,滤水管应布置在充填表面下坡向,并尽量与充填体的流动坡度一致,以增大滤水面积,提高滤水效果。

(4) 采场周围合理布置滤水管,尽可能达到采场整体均匀脱水。

(5) 考虑充填料的输送参数。一般来说井下充填速度为 $50m^3/h$,质量浓度为 70% 时,充填料静置后上层水量最多为 $15m^3$,因此可设计在每个水平面上布置两条滤水管。设置滤水管的时候,应有一定的坡度,以利于水的流动和排出。

6.4.4.2 -60m 水平充填采空区井下滤水管布置设计

由规划方案可知,采空区处理主要是大区域充填,因此排水量大,相对也较困难,所以应在条件允许情况下尽量多布置滤水管。本规划方案在进行区域充填时,一般将天井封堵在内,因此在进行设计时,首先遵循以下原则:

(1) 虽然是区域充填,但是设计时仍尽量以单个采空区为单位,顶板暴露面积 $1000m^2$ 时布置 4~6 根滤水管,根据采空区状况确定数量。如果采空区较小且两个采空区距离较近,可以合并为一个采空区设计。滤水管的起点尽量选在顶板处,从远端的充填挡墙引出,尽量增加滤水面积。充填挡墙与滤水管施工示意图如图 6-15 所示。

(2) 每个天井内部应至少设置一根滤水管,从距离较远的充填挡墙引出。天井及采空区内部滤水管布置如图 6-16 所示。

(3) 滤水管在布置的时候尽量不要接触地面,以免影响排水效果。为了更清晰地对滤水管布置进行示意,绘制了滤水管布置平面示意图,如图 6-17 所示。

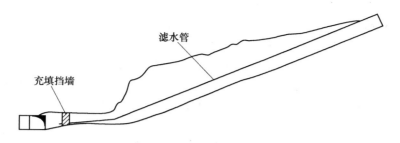

图 6 - 15 充填挡墙与滤水管施工示意图

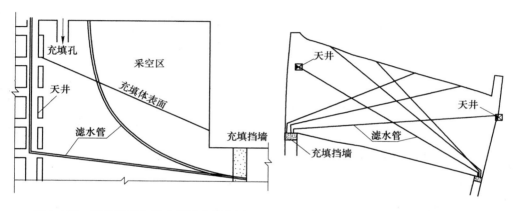

图 6 - 16 天井及采空区内部滤水管布置   图 6 - 17 滤水管布置平面示意图

滤水管应尽量贯穿采空区。

上述设计是针对比较常见的几种情况，而现场的情况较复杂，应根据现场实际进行滤水管的布置。对于条件较差的采空区，滤水管的数量要适当增加，以增强排水效果。

下放滤水管之前，应用抹布或者纱布将滤水管包裹严密，以防止破损使料浆进入滤水管引起堵塞。另外，滤水管布置也要考虑充填钻孔的位置。

6.5 采空区充填钻孔设计与施工

6.5.1 充填钻孔设计原则

充填下料管的布置，直接影响着料浆的流动方向、排水的效果以及充填挡墙的受力大小。在进行充填钻孔设计前，应明确以下几点：

（1）打充填钻孔之前，要详细调查 0m 巷道和 - 60m 水平采空区的空间位置关系，提前把待充填区域上方的巷道清理干净，提前布置工程，需要打钻孔硐室的要提前打好。

（2）充填钻孔布置时要充分考虑采空区的空间形态。为了保证充填接顶的效果，充填钻孔应布置在采空区的最高点位置。目前矿山已经有了 CMS 三维空区探测系统，所以在充填之前应对采空区进行准确的探测，获取采空区的最高点坐标。

（3）钻孔布置应考虑充填挡墙和滤水管的位置。充填料浆从下料管放出后，会沿着下料口向采空区周边流动，由于采空区面积大，料浆进入采空区后有一部分远离挡墙流动，因此造成排水的困难。所以充填管布置时应当考虑将充填管布置在靠近采空区内部的围岩附近。另外，充填孔下料时，应避免直接对滤水管进行冲击。

（4）充填管道尺寸为 $\phi133mm$，为了保证在充填时料浆顺利进入采空区并保持通气，建议钻孔大于管道直径。如果设备难选，建议充填钻孔直径不应小于 100mm。

（5）根据首充的经验，20～30m 左右布置一个充填孔，一个采空区布置 3～4 个充填钻孔基本可以较好地完成采空区的充填。在充填过程中，几个充填钻孔应交替使用，循环充填，以保证充填料浆流动面的平整，提高排水效果。

6.5.2 采空区充填钻孔设计方案研究

6.5.2.1 充填钻孔位置及数量

由上述原则可知，充填钻孔应尽量选择在如下位置：

（1）顶板最高位置处，保证充填接顶效果。

（2）远离充填挡墙的内部围岩附近，保证排水。

（3）不要对滤水管形成直接冲击。

以单个采空区为单位，每个采空区布置 3～4 个充填钻孔。布置钻孔时，尽量使 2 个钻孔位于靠近两侧围岩位置，然后在中间均匀布置 1～2 个。充填时，几个充填钻孔循环交替使用，首先从两侧的充填钻孔进行充填，中间充填孔用于排气，分别充填 1～2 天，再从中间的充填钻孔进行充填，两侧充填钻孔用于排气，时间不少于两侧充填时间。

由于是区域充填，一次充填面积较大，为了保证充填过程中的排气，每个采空区顶板至少有一个排气孔。排气孔可以与充填钻孔参数一样，也可以比充填钻孔略小，尽量将排气孔布置在顶板的最高位置，这样有利于接顶。充填钻孔与充填挡墙关系及充填钻孔布置示意图如图 6 – 18 和图 6 – 19 所示。

6.5.2.2 充填钻孔施工

A 钻孔定位

利用 CMS 探测器及 3DMine 软件建立的三维空间模型，找出采空区最高点与

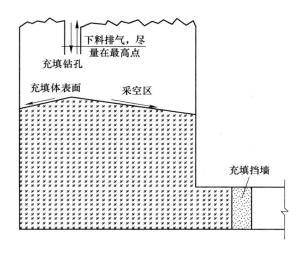

图 6-18 充填钻孔与充填挡墙关系图

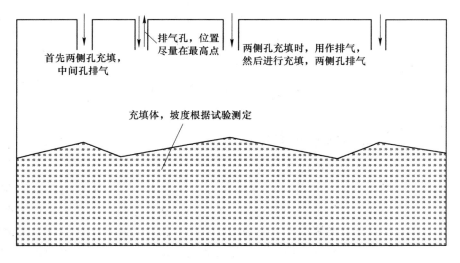

图 6-19 充填钻孔布置示意图

0m 巷道的空间关系，再定位出钻孔的坐标和方位。无法用仪器进行探测的采空区，尽量安排人员进入进行大致探测，再进行定位。

定好位后，按照设计孔位进行实地放样，位置偏差原则上不应超过设计位置的 1.0m。确因地质问题钻孔不能放置在设计位置时，可视具体情况予以调整，尽早做辅助工程。

B 成孔

目前矿山上的钻机只能打 100mm 的孔，可先用现有的钻机进行钻孔，钻至

2 ~3m 左右进行扩孔，将孔径扩大到 133 ~150mm，然后进行护壁，可下套管也可用注浆护壁，防止塌孔。然后再用钻机钻到指定位置。孔底位置与设计位置偏差不应超过 1m，钻孔完毕后应该用水进行清洗，防止有岩石阻挡下料。充填钻孔施工示意图如图 6 – 20 所示。

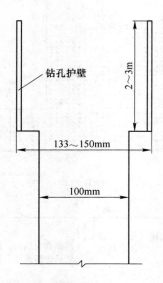

钻孔护壁

2～3m

133～150mm

100mm

图 6 – 20　充填钻孔施工示意图

6.6　充填料浆配比及浓度设计

充填料浆的选择应遵循以下原则：

（1）充填料浆配比及浓度应该保证其具有好的流动性，使充填料浆能在充填管里顺利流动，不产生堵管的现象，保证充填的连续进行。充填料浆应具有较好的保水性，确保充填料浆在充填管道内不产生离析，进入采空区后保持良好的流动性而不产生离析，确保充填质量。研究表明，如果充填料浆浓度较低，在充填管道中反而更容易产生堵管，且充填之后井下排水量大，给生产造成很大麻烦。另外，充填料浆配比及浓度较低时，料浆胶结性较差，充填体强度较低，不利于下部回采的安全生产。高浓度的充填料浆在充填管道中的流动性更好，更不容易产生堵管，充填体强度大，有利于排水，并且充填成本较低，比较经济。

（2）应保证充填体具有足够的强度。足够的充填体强度不但能保证充填后采空区的稳定性，而且更有利于下部回采的安全性，关系到后续生产，因此保证充填体强度很重要。研究表明，充填料浆的配比越高，浓度越大，充填体的强度就越大。

（3）井下充填之后应保证水量小，避免充填之后采空区内产生大量的水。

水量过多不但排水麻烦，而且对充填料浆的固结很不利，影响充填体的强度，不利于充填安全。

另外在选择充填料浆配比及浓度的时候还应考虑矿柱是否回收，如果进行回收要保证充填体具备自立性，因此配比要高一些，不进行回采的时候配比可以适当调低。

石人沟 -60m 水平中段的采空区分布呈南北长的特点，充填倍线较大，因此要求充填料浆具有较好的流动性。根据矿山实际情况，采空区的间柱及顶柱不进行回采，因此对充填体强度要求较低。另外，该水平的采空区呈现在某一区域集中的特点，且情况复杂，单独充填一个采空区较困难，一般要进行整区域的充填，且采空区周围正在进行生产，因此排水较困难，所以要求充填料浆浓度及配比高一些，尽量减小排水量。另外，还要考虑到充填的经济因素，提高充填料浆的配比和浓度会提高充填成本。

综合考虑上述因素，对 -60m 水平采空区进行充填时，充填料浆的浓度应控制在65%以上，配比控制在 1∶8 ~ 1∶10 之间，采空区底部充填时充填料浆浓度及配比应高一些，随着充填高度的提高，配比可以减小，但是浓度应保持在65%以上。

6.7　充填管线布置设计

从矿山总平面图上看，一期副井基本上位于矿床中央，南北距离基本相等，从 -60m 中段来看，副井到最北端1650m，到最南端1550m，因此充填站合适的位置在一期副井附近。经现场查看，此位置满足 60m×50m 场地的要求。

充填尾砂浆从砂仓放出进入搅拌筒与水泥搅拌混合，从搅拌筒放出的充填砂浆通过钻孔直接下放到0m中段，由铺设的充填管路进入采场充填。

充填钻孔共 8 个，每套系统 2 个，一备一用，钻孔直径219mm，孔内设套管。地表标高 +99m，钻孔底标高 0m，钻孔长度99m，钻孔总长度792m。

0m 中段水平为回风、充填水平，该中段的北矿段最北端为最远处，是 -60m 中段开采充填最困难的地方，也就是充填倍线最大值位置。一期副井标高约 +98.5m，充填标高 0m，高差为98.5m，0m 水平北区最远处平巷长度1650m，最大充填倍线为17.8，砂浆不能自流充填，需要在 0m 中段北端中途设置加压站。

按充填倍线为 7 考虑，管道水平输送距离 98.5×6=591m，水力坡降按 $i_浆=0.042m$ 水柱/m 管长计算，管道压力损失 29m 水柱，考虑 15% 的局部损失，压力损失总和 33.30m 水柱。余下1059m 需要设置加压泵，加压泵的扬程为 1059×0.042×1.2=53.4m。

0m 水平南区最远处平巷长度1550m，充填倍线为16.74，砂浆也不能自流充填，需要在 0m 中段南端中途设置加压站。同样，按充填倍线为 7 考虑，管道水平输送距离 98.5 × 6 = 591m，余下 959m 需要设置加压泵，加压泵的扬程为 959 × 0.042 × 1.2 = 48.3m。

有了 0m 水平南北段各自的加压站，能够实现 0m 中段的充填，也就能够实现下部中段的充填。

6.8　现场采空区充填处理施工

6.8.1　充填区域的选择（北分支）

为确定适合矿山采空区充填处理的结构参数，对分区充填方案的可行性进行实验分析，同时总结工人充填作业经验，首先选择连续的几个采空区进行试充。选择首充分区时主要遵循以下原则：

（1）区域中采空区的位置、体积大小、形状、稳定性等基本情况已经探测清楚。

（2）采空区体积较大，稳定性较差，存在安全隐患的采空区，急需优先处理。

（3）分区充填区域的充填作业不能对矿山的正常生产产生较大影响。

（4）根据 0m 巷道具体情况，距离充填站位置较近，管线易布置，充填倍线较小，能保证充填料的自流而不需修建额外的工程辅助设施。

经过对 –60m 中段的采空区各分区进行筛选，最终选择北分支采空区。该采空区基本情况见表 6 – 7。

表 6 – 7　北分支分区采空区基本情况

编号	天　井　分　布	体积/m³	高度/m	备注
1	1、2、22 号，与 20 号采空区共用 2 号天井	32900	47	推测
2	7 号，与 6 号采空区共用	11594	45	已测
3	3 号天井	2298	15	已测
4	5 号天井，与 5 号采空区共用	39000	52	推测
5	5、6 号，与 8 号采空区共用 6 号天井	34560	48	推测
6	7、8 号，与 2 号采空区共用 7 号天井	6831	24	已测
7	8、9 号，与 6 号采空区共用 8 号天井	19800	45	推测
8	6 号天井，与 5 号矿房共用	8192	48	已测
9	9、10 号，与 10 号采空区共用 10 号天井	21304	48	已测
10	10、12 号，与 9 号采空区共用 10 号天井	48000	48	推测
15	13、11 号，与 16 号采空区共用 11 号天井	7260	24	推测
16	11 号天井，与 15 号采空区共用	15000	30	推测
20	2、21 号，与 1 号采空区共用 2 号天井	1600	40	推测
合计	14 个天井	248339		

6.8.2 充填输送参数确定

充填料平均粒径 $d_{均} = 0.370\text{mm}$，全尾砂密度 $\gamma = 2.81\text{t/m}^3$，全尾砂浆质量浓度 $C = 68\%$，胶结充填水泥尾砂配比 $1:8$，水泥尾砂浆在全尾砂浆质量浓度为 68% 时的密度为：

$$\gamma_{浆} = \frac{32\% + 68\%\left(1 + \dfrac{1}{8}\right)}{32\% + \dfrac{68\%}{2.81} + \dfrac{68\%}{8 \times 3.1}} = 1.84\text{t/m}^3$$

（1）管径选择。充填管从充填钻孔下井，钻孔底部段平巷选用 $133\text{mm} \times 10\text{mm}$ 无缝钢管，其余部位采用 PVC 或聚乙烯塑料管。

（2）全尾砂浆体积流量 $Q_{浆}$。充填倍线为 $2.65 \sim 6.2$，钢管管径 $\phi133\text{mm} \times 10\text{mm}$，其体积流量约为 $80\text{m}^3/\text{h}$。

（3）加权平均自由沉降速度 $w_{均}$。颗粒在静水中的自由沉降速度 $w_{沉}$ 是反映两相流固体颗粒特性的一个重要标志。颗粒的密度、大小都对沉降速度有影响。三角形颗粒自然泥砂的密度为 2.65t/m^3，它在不同粒径时所具有的沉降速度由设计资料给出。石人沟铁矿的全尾砂可以认为是多角形颗粒，只是密度有所区别，可以考虑采用修正系数 K 进行修正。$w_{均} = 0.612 \times 23.5\% + 3.70 \times 8.90\% + 43.30 \times 29.4\% + 190 \times 14.70\% + 229 \times 1\% = 43.42\text{mm/s}$。

水中全尾砂粒度与沉降速度间关系如表 6-8 所示。

表 6-8 水中全尾砂粒度与沉降速度间关系

粒径/mm	-0.075	0.10	0.25	0.5	2.0	+2.0	Σ
百分含量/%	23.50	8.90	22.5	29.4	14.70	1.00	100
沉降速度/mm·s^{-1}	0.612	3.70	17.20	43.30	190.00	229.00	

（4）修正系数 K。

$$K = \frac{\gamma_{固} - 1}{2.65 - 1} = \frac{2.81 - 1}{2.65 - 1} = 1.1 \tag{6-4}$$

修正后 $w'_{均} = Kw_{均} = 1.1 \times 43.42 = 47.77\text{mm/s}$。

（5）当量直径 $d_{当}$。根据修正后的颗粒加权平均自由沉降速度 $w'_{均} = 47.77\text{mm/s}$，查得当量直径 $d_{当} = 0.4\text{mm}$。

（6）干扰指数 n。

$$n = 5\left(1 - 0.2\lg\frac{w_{均} d_{当}}{\nu_{水}}\right) = 5\left(1 - 0.2\lg\frac{4.777 \times 0.4}{0.01}\right) = 1.72 \tag{6-5}$$

式中　n——干扰指数；

　　　$w_{均}$——颗粒加权平均自由沉降速度，4.777cm/s；

$d_\text{当}$——当量直径；

$\nu_\text{水}$——水的运动黏滞系数，水温 20°时为 0.01cm^2/s。

（7）工作流速 $v_\text{浆}$。采用 ϕ123mm×10mm 无缝钢管输送尾砂浆，其临界流速 $v_\text{临}$ 为：

$$v_\text{临} = 3.72D^{0.312}\left[\left(\frac{\gamma_\text{浆}-1}{\gamma_\text{浆}}\right)\left(\frac{\gamma_\text{固}-\gamma_\text{浆}}{\gamma_\text{固}-\gamma_\text{水}}\right)^n w_\text{均}\right]^{0.25}\left(\frac{w_{95}}{w_\text{均}}\right)^{0.2} = 0.98\text{m/s} \quad (6-6)$$

而工作流速为：

$$v_\text{浆} = \frac{Q_\text{浆}}{\frac{1}{4}\pi D^2} = \frac{0.022}{\frac{1}{4}\times\pi\times0.123^2} = 1.85\text{m/s} \quad (6-7)$$

一般情况下，平均粒径在 0.4mm 以下时，工作流速不要超过 2m/s，且工作流速大于临界流速，工作可靠。

（8）水力坡降 $i_\text{浆}$。

$$i_\text{浆} = \left[\frac{\lambda_\text{水}\,v_\text{浆}^2}{D^2 g} + \left(\frac{\gamma_\text{浆}-\gamma_\text{水}}{\gamma_\text{水}}\right)\left(\frac{\gamma_\text{固}-\gamma_\text{浆}}{\gamma_\text{固}-\gamma_\text{水}}\right)^n \frac{w_\text{均}}{100v_\text{浆}}\right]\gamma_\text{浆} \quad (6-8)$$

式中　$\lambda_\text{水}$——钢管的水力坡降，0.0205m 水柱/m 管长；

　　　D——水力半径，与管道直径相等，0.123m。

所以，代入数据计算得 $i_\text{浆} = 0.042\text{m}$ 水柱/m 管长。

6.8.3　充填管线及充填钻孔布置

待充填的采空区位于 15～18 线之间，先在 0m 水平从充填站的下料口铺设钢管到北分支 10、15 号矿房采空区的上部巷道，然后再根据各个下料点布置从钢管中引到下料点。从地表充填站到 0m 巷道的垂直距离约为 98m，从充填站 0m 水平的出料孔到北分支 10 号矿房上方的水平管道长度大约为 516m，充填的采空区的走向长度约 350m，故充填倍线约为 2.65～6.27，能够实现充填料的稳定自流。北分支充填管线如图 6-21 所示。

根据矿山充填试验，进入采空区后，充填料浆形成的自然坡度大约在 1% 左右，流动性较好，从图中可知，两个下料点之间的距离最大是 50m 左右，基本可以保证充填料浆在采空区内表面的平整。但是在天井下料无法保证最终的充填效果，因此应在采空区的最高点位置钻设充填钻孔，在天井充填到一定程度后，再从充填钻孔进行充填，完成接顶。

根据矿房的高度及天井的分布情况，设计在 1、20、2、4、5、7、9、10 号矿房钻设充填钻孔，因为这些矿房最终采高较高且矿房的长度较大。钻设充填钻孔时，如果能确定采空区顶板的最高点，则钻孔钻在采空区最高处，若无法确定采空区最高点，则将充填钻孔钻设在采空区的中部或远离天井下料点处。6 号充填钻孔三维示意图如图 6-22 所示。

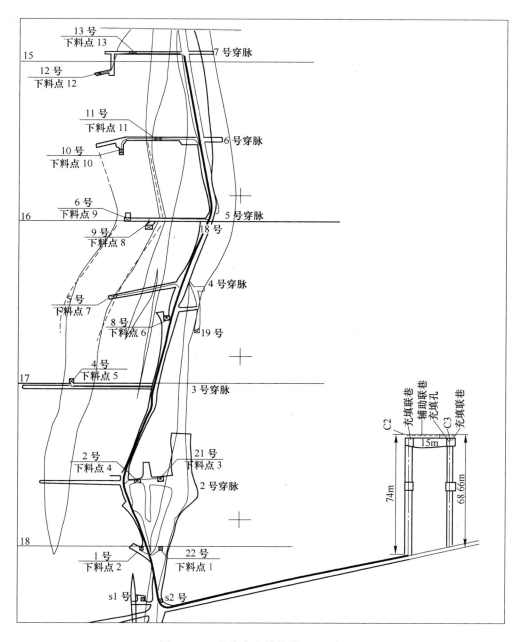

图 6 - 21 北分支充填管线（0m 水平）

另外，每个采空区应至少有一个通气孔，作为充填排气用。每个充填钻孔的详细信息如表 6 - 9 所示。

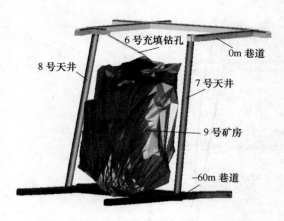

图 6 - 22   6 号充填钻孔三维示意图

表 6 - 9   充填钻孔详细信息表

钻孔编号	起点坐标			终点坐标			方位角/(°)	倾角/(°)	距离/m
	X	Y	Z	X	Y	Z			
1 号	20573553	4456082	0	20573527	4456089	- 13	105	25	30.5
2 号	20573526	4456122	0	20573528	4456117	- 20	163	- 75	20.8
3 号	20573530	4456182	0	20573535	4456212	- 8	189	15	31.8
4 号	20573558	4456280	- 10	20573543	4456265	- 12	225	- 5	22
5 号	20573576	4456252	- 10	20573561	4456254	- 12	95	7	14.8
6 号	20573550	4456327	- 8.5	20573552	4456326	- 9.6	284	26	2.5
7 号	20573545	4456374	- 9	20573547	4456363	- 12	171	- 14	10.9
8 号	20573526	4456122	0	20573542	4456128	- 28	68	- 59	32.7
合　计									166

充填过程中, 各个下料点要轮流使用, 由南向北推进, 由一个下料点向下充填 1~2 天, 再轮换到下一个下料点。

6.8.4　充填挡墙及挡墙排水设计

经过调查, 北分支充填区域总共有 7 个出口需要设置挡墙, 挡墙布置如图 6 -23所示, 每个挡墙的几何参数如表 6 -10 所示。

表 6 -10　充填挡墙几何参数

编号	BFZ -1 号	BFZ -2 号	BFZ -3 号	BFZ -4 号	BFZ -5 号	BFZ -6 号	BFZ -7 号
宽度/m	4.5	3	3	3.5	2.5	4	2.5
高度/m	3	3	3	3	3	3	3

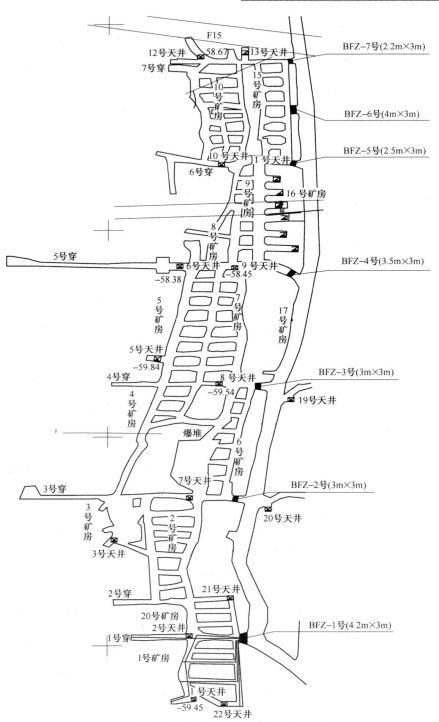

图 6-23 底部充填挡墙布置示意图

6.8.4.1 充填挡墙厚度计算

以 1 号挡墙厚度计算为例进行说明。

BFZ – 1 号挡墙与 20 号采空区相邻，根据矿山验收结果，采空区最终采高为 40m，则标准静水压力为：

$$p_0 = \rho g h = 1.86 \times 10^3 \times 9.81 \times 40 = 0.73 \text{MPa} \qquad (6-9)$$

安全等级按一级设计，结构安全系数 $\gamma_0 = 1.1$，载荷分项系数 $\gamma_G = 1.2$，$\gamma_Q = 1.4$。则设计荷载为：

$$p = p_0 \gamma_0 \gamma_G \gamma_Q = 0.73 \times 1.1 \times 1.2 \times 1.4 = 1.35 \text{MPa} \qquad (6-10)$$

挡墙采用 C20 混凝土浇筑，配筋 ϕ10mm 钢筋，C20 混凝土设计抗压强度 $f_c = 9.5 \text{MPa}$，设计抗拉强度 $f_t = 1.05 \text{MPa}$。则设计抗剪强度为：

$$\tau = 0.75 \sqrt{f_c f_t} = 0.75 \times \sqrt{9.5 \times 1.05} = 2.369 \text{MPa}$$

依据上述计算方法，计算后可得挡墙的厚度如表 6 – 11 所示。

表 6 – 11 混凝土充填挡墙厚度表

编号	BFZ – 1 号	BFZ – 2 号	BFZ – 3 号	BFZ – 4 号	BFZ – 5 号	BFZ – 6 号	BFZ – 7 号
B_1/m	0.32	0.38	0.26	0.31	0.25	0.30	0.21
B_2/m	0.51	0.46	0.38	0.43	0.34	0.46	0.31
B_3/m	0.39	0.39	0.39	0.39	0.39	0.39	0.39
建议值/m	0.6	0.5	0.45	0.5	0.45	0.5	0.45

以上只是经过理论计算的结果，由于现场情况较复杂，施工条件有限，因此现场的充填挡墙的厚度不能低于建议值，并且应比建议值大 10% 左右。建议现场的混凝土挡墙施工厚度不宜小于 0.6m。

6.8.4.2 挡墙排水设计

在充填挡墙上设置滤水孔可以将挡墙后面的水迅速排出，缓解挡墙的压力，因此要正确地布置挡墙上的滤水孔。另外由于分区域充填，一次充填面积大，排水不便，要在充填挡墙上留设孔与内部的排水管连接，以加强采场的排水，如图 6 – 24 所示。

排水管应根据挡墙的具体尺寸进行布置，排水管内部管口要用麻布、铁丝网或者纱布进行密封，防止漏浆，并定期检查，防止内部麻布破裂。墙上的泄水孔和滤水管的数量应根据采空区内滤水管数量和挡墙大小进行调整。

在挡墙后面布置反滤层可以防止充填料浆直接接触墙体，过快地堵塞排水孔，不利于采空区排水。根据前文的反滤层布置原则，对石人沟充填挡墙的反滤层进行了设计，如图 6 – 25 所示。现场施工时，根据实际情况布置。

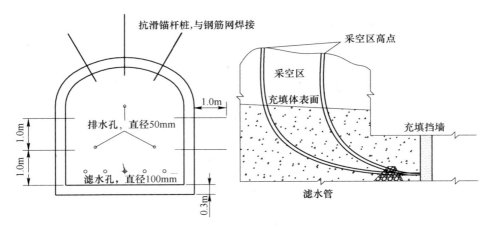

图 6-24 充填挡墙排水设计

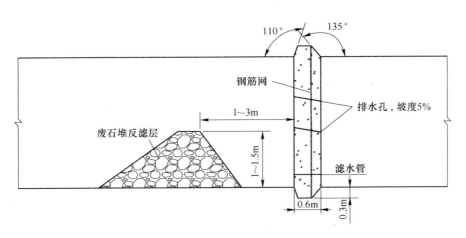

图 6-25 充填挡墙反滤层设置

6.8.5 首充矿段现场充填效果

根据 2012 年 4~6 月资料,北分支首充矿段已经充填料浆 94322m³,部分数据见表 6-12 和表 6-13。现场布置的充填挡墙实况如图 6-26 所示。

表 6-12 石人沟铁矿北区充填量统计表(2012 年 4 月 28 日~6 月 26 日)

日 期	2012 年 6 月	2012 年 5 月	2012 年 4 月	总 计
充填区域	北区	北区	北区	
灰砂比	1:8 (10)	1:8 (10)	1:8	1:8 (10)

续表 6 – 12

日　期	2012 年 6 月	2012 年 5 月	2012 年 4 月	总　计
月累计/m³	36855.37	53087.38	4379.28	94322.03
水泥/t	3076.56	4436.93	365.75	7879.24
时间/h	388.98	599.45	50.2	1038.63

表 6 – 13　料浆浓度实测表

2012 年 5 月 13 日（1∶8）			2012 年 5 月 13 日（1∶8）		
中班	堆积密度/t·m⁻³	浓度/%	晚班	堆积密度/t·m⁻³	浓度/%
08∶00	1.66	66	16∶00	1.64	65
08∶30	1.64	65	16∶30	1.68	67
09∶00	1.67	67	17∶00	1.67	67
09∶30	1.65	65	17∶30	1.74	70
10∶00	1.68	67	18∶00	1.69	68
10∶30	1.64	65	18∶30	1.68	67
11∶00	1.68	67	19∶00	1.7	69
11∶30	1.64	65	19∶30	1.67	67
12∶00	1.64	65	20∶00	1.67	67
12∶30	1.67	67	20∶30	1.68	67
13∶00	1.66	66	21∶00	1.7	69
13∶30	1.65	65	21∶30	1.66	66
14∶00	1.66	66	22∶00	1.65	65
14∶30	1.68	67	22∶30	1.66	66
15∶00	1.65	65	23∶00	1.64	65
15∶30	1.66	66	23∶30	1.67	67
16∶00	1.64	65	00∶00	1.69	68
班平均浓度		66.64	班平均浓度		66.92

由以上数据和图片，结合现场施工和充填站运行状况可知，石人沟铁矿目前充填进展顺利，料浆浓度保持在 67% 左右，通过预留的观察孔可以观察到采空区充填的充填料浆表面，有新冒落的碎石，说明采空区的顶板在长时间暴露分化后，日趋不稳定，危险程度加大；料浆表面总体水平，说明充填料浆的流动性能好，达到预期效果。等整个分区充填完毕后，可拆除挡墙从观察孔处取样，验证充填体的强度，以评估充填效果。

对充填料性质及累计充填量进行了统计，截至 2012 年 7 月，累计充填 164724.4m³，累计充填时间 1893h。

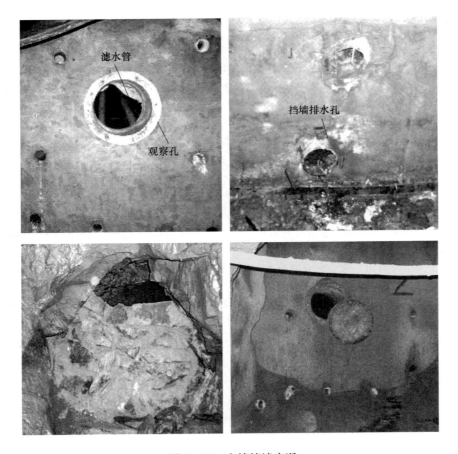

图 6-26 充填挡墙实况

非法采空区采用配比为 1:16 的充填料浆充填，北分支首充采空区采用 1:8 和 1:10 的充填料浆充填，南分支和北区采用 1:8 的充填料浆充填，充填料浆浓度保持在 65% ~ 68%，连续充填时，流量达到了 $60 \sim 80 m^3$，没有出现堵管的现象，满足正常生产要求。

自 2012 年 7 月至今，矿山累计充填 40 余万立方米采空区，处理尾砂 60 余万吨，充填区域包括南分支矿段、南采区北端矿段、北分支矿段及斜井矿段，已累计处理采空区（包括非法采空区）40 余个。

参 考 文 献

[1] 徐芝纶. 弹性力学 [M]. 北京：人民教育出版社，1996.

[2] 周维垣，杨强. 岩石力学数值计算方法 [M]. 北京：中国电力出版社，2005.

[3] 李云鹏，王芝银. 固体力学有限单元法及程序设计 [M]. 西安：西安地图出版社，1994.

[4] 王润富，余颖禾. 有限单元法概念与习题 [M]. 北京：科学出版社，1998.

[5] 王勖成，邵敏. 有限单元法基本原理和数值方法 [M]. 北京：清华大学出版社，1997.

[6] 龚晓南. 土工计算机分析 [M]. 北京：中国建筑工业出版社，2000.

[7] 蔡美峰. 岩石力学与工程 [M]. 北京：科学出版社，2002.

[8] 闫长斌，徐国元，李夕兵. 爆破震动对采空区稳定性影响的 $FLAC^{3D}$ 分析 [J]. 岩石力学与工程学报，2005，24 (16)：2894 ~ 2899.

[9] 赵奎，廖亮，廖朝亲. 采空区残留矿柱回采研究 [J]. 江西理工大学学报，2010，31 (1)：1 ~ 4.

[10] 孙光华，李青山. 采空区充填技术研究 [J]. 矿业研究与开发，2011，31 (5)：16 ~ 17.

[11] 刘宗燕，纪洪广. 采空区顶板垮落造成的冲击性灾害预测 [J]. 西部探矿工程，2007，3：101 ~ 102.

[12] 张向阳. 采空区顶板蠕变损伤断裂分析 [J]. 辽宁工程技术大学学报，2009，28 (5)：777 ~ 780.

[13] 贺广零，黎都春，翟志文，等. 采空区顶板塌陷破坏的力学分析 [J]. 石河子大学学报，2007，25 (1)：103 ~ 108.

[14] 中国生，敖丽萍，熊正明. 采空区对金属矿地下采场爆破地震效应的影响 [J]. 中国钨业，2009，24 (3)：11 ~ 13.

[15] 王海生. 采空区风流分布数值模拟研究 [D]. 焦作：河南理工大学，2010.

[16] 王金安，尚新春，刘红，等. 采空区坚硬顶板破断机理与灾变塌陷研究 [J]. 煤炭学报，2008，33 (8)：850 ~ 855.

[17] 罗周全，刘晓明，杨彪. 采空区精密探测技术应用研究 [C] //采矿科学技术前沿论坛论文集. 湖南，2006：87.

[18] 王金安，李大钟，马海涛. 采空区矿柱 - 顶板体系流变力学模型研究 [J]. 岩石力学与工程学报，2010，29 (3)：577 ~ 582.

[19] 林杭，曹平，李江腾，等. 采空区临界安全顶板预测的厚度折减法 [J]. 煤炭学报，2009，34 (1)：53 ~ 57.

[20] 李华奇，刘鹏程. 采空区冒落带高度影响因素及分布规律分析 [J]. 煤炭学报，2011，30 (8)：117 ~ 119.

[21] 贺广零，黎都春，翟志文，等. 采空区煤柱 - 顶板系统失稳的力学分析 [J]. 煤炭学报，2007，32 (9)：897 ~ 901.

[22] 马云龙. 采空区稳定性分析及影响因子研究 [D]. 长沙：中南大学，2010.

[23] 张建，张远芳，袁铁柱. 采空区稳定性分析与评价 [J]. 水利与建筑工程学报，2010，

8 (2)：145～146, 155.

[24] 卢清国, 蔡美峰. 采空区下方厚矿体安全开采的研究与决策 [J]. 岩石力学与工程学报, 1999, 18 (1)：86～91.

[25] 王新民, 段瑜, 彭欣. 采空区灾害危险度的模糊综合评价 [J]. 矿业研究与开发, 2005, 25 (2)：83～85.

[26] 杨扬, 冯乃琦, 余珍友. 层次分析和隶属函数在采空区稳定性评价中的应用 [J]. 矿冶工程, 2008, 28 (5)：23～26.

[27] 罗一忠. 大面积采空区失稳的重大危险源辨识 [D]. 长沙：中南大学, 2005.

[28] 柴炜, 饶运章, 黄奔文. 地下大面积采空区失稳研究 [J]. 中国矿山工程, 2008, 37 (3)：27～30.

[29] 赵文. 地下巨型采空区顶板岩石的破坏与冒落 [J]. 辽宁工程技术大学学报, 2001, 20 (4)：507～509.

[30] 伍永田, 张旭生, 李晓芸. 地震作用对采空区塌陷的 UDEC 模拟 [J]. 矿业工程, 2007, 5 (6)：19～21.

[31] 王树仁, 贾会会, 武崇福. 动载荷作用下采空区顶板安全厚度确定方法及其工程应用 [J]. 煤炭学报, 2010, 35 (8)：1263～1268.

[32] 潘岳, 李爱武. 对 "基于突变理论的采空区重叠顶板稳定性强度折减法及应用" 的讨论 [J]. 岩石力学与工程学报, 2011, 30 (3)：643～645.

[33] 黄英华, 徐必根, 唐绍辉. 房柱法开采矿山采空区失稳模式及机理 [J]. 矿业研究与开发, 2009, 29 (4)：24～26.

[34] 付武斌, 邓喀中, 张立亚. 房柱式采空区煤柱稳定性分析 [J]. 煤矿安全, 2011, 42 (1)：136～139.

[35] 李海清, 向龙, 陈寿根. 房柱式采空区受力分析及稳定性评价体系的建立 [J]. 煤矿安全, 2011, 42 (3)：138～142.

[36] 李鹏, 张永波. 房柱式开采采空区覆岩移动变形规律的模型试验研究 [J]. 华北科技学院学报, 2010, 7 (4)：38～41.

[37] 马云龙, 刘铁雄, 陈科平, 等. 高峰105号矿体采空区稳定性模糊综合评价 [J]. 西部探矿工程, 2010, 6：1～3.

[38] 陈庆发, 周科平, 胡建华. 高峰矿105号矿体碎裂矿段采空区稳定性离散元分析 [J]. 矿冶工程, 2009, 29 (4)：14～17.

[39] 童立元, 邱钰, 刘松玉, 等. 高速公路与下伏煤矿采空区相互作用规律探讨 [J]. 岩石力学与工程学报, 2010, 29 (11)：2271～2276.

[40] 刘世春. 红神铁路边不拉煤矿采空区稳定性评价 [J]. 山西建筑, 2010, 36 (18)：285～286.

[41] 马海涛, 刘勇锋, 胡家国. 基于 C-ALS 采空区探测及三维模型可视化研究 [J]. 中国安全生产科学技术, 2010, 6 (3)：38～41.

[42] 王美巧, 齐庆杰. 基于 CFD 对采空区 "三场" 的数值模拟 [J]. 煤矿安全, 2011, 42 (2)：12～14.

[43] 寇向宇, 贾明涛, 王李管. 基于 CMS 及 DIMINE-FLAC^{3D} 耦合技术的采空区稳定性分析与

评价 [J]. 矿业工程研究, 2010, 25 (1): 31～35.

[44] 罗周全, 刘晓明, 吴亚斌, 等. 基于 Surpac 和 Phase^2 耦合的采空区稳定性模拟分析 [J]. 辽宁工程技术大学学报, 2008, 27 (4): 485～488.

[45] 谢盛青. 基于层次分析法采空区稳定性影响因素权重分析 [J]. 中国钼业, 2009, 33 (4): 34～37.

[46] 杨扬, 冯乃琦, 余珍友, 等. 基于层次分析和模糊数学的采空区稳定性综合评价 [J]. 有色金属, 2008, 60 (5): 37～39, 42.

[47] 贡长青, 郝文辉, 任改娟, 等. 基于弹性薄板理论的煤矿采空区地表沉陷预测 [J]. 中国地质灾害与防治学报, 2011, 22 (1): 63～68.

[48] 彭刚剑, 付玉华, 董陇军. 基于距离判别法的采空区塌陷预测研究 [J]. 有色金属, 2009, 61 (2): 50～52.

[49] 施东风, 饶运章, 陈国梁. 基于可变模糊集理论的采空区围岩稳定性评价 [J]. 有色金属科学与工程, 2011, 2 (5): 80～83.

[50] 王新民, 谢盛青, 张钦礼. 基于模糊数学综合评判的采空区稳定性分析 [J]. 昆明理工大学学报, 2010, 35 (1): 9～13.

[51] 马海军, 黄德镛. 基于突变理论的采空区风险评价模型研究 [J]. 科学技术与工程, 2010, 10 (22): 5369～5373.

[52] 宫凤强, 李夕兵, 董陇军. 基于未确知测度理论的采空区危险性评价研究 [J]. 岩石力学与工程学报, 2008, 27 (2): 323～330.

[53] 张洪军. 建筑物下开采采空区膏体充填技术及应用 [J]. 煤炭技术, 2010, 29 (6): 90～91.

[54] 王国泰, 罗周全, 刘晓明, 等. 金属矿采空区三维探测及可视化建模与应用 [J]. 中国地质灾害与防治学报, 2010, 21 (1): 104～109.

[55] 李夕兵, 李地元, 赵国彦, 等. 金属矿地下采空区探测、处理与安全评判 [J]. 采矿与安全工程学报, 2006, 23 (1): 24～29.

[56] 过江, 古德生, 罗周全. 金属矿山采空区 3D 激光探测新技术 [J]. 矿冶工程, 2006, 26 (5): 16～19.

[57] 邓俏. 金属矿山采空区失稳分析及实测验证 [D]. 长沙: 中南大学, 2011.

[58] 李占金. 金属矿山地下采空区处理方案的优化研究 [D]. 唐山: 河北理工大学, 2004.

[59] 赵国彦. 金属矿隐覆采空区探测及其稳定性预测理论研究 [D]. 长沙: 中南大学, 2010.

[60] 朱学胜, 杨承祥. 矿山采空区全尾砂充填封闭墙的设计与施工 [J]. 矿业快报, 2004, 9: 49～51.

[61] 薛奕忠. 矿山特大型采空区全尾砂充填封闭工程实践 [J]. 中国矿山工程, 2006, 35 (2): 11～13.

[62] 李俊平, 周创兵, 李向阳. 下凹地形下采空区处理方案的相似模拟研究 [J]. 岩石力学与工程学报, 2005, 24 (4): 581～586.

[63] 贺昌友, 张旭. 昭通铅锌矿采空区稳定性的 FLAC^{3D} 数值模拟研究 [J]. 云南冶金, 2009, 38 (4): 3～7.

［64］谭浪浪，罗周全，邓俏. 某典型采空区失稳模式分析及可视化验证［J］. 矿业工程研究，2011，26（4）：40～43.

［65］江文武，丁铭，张耀平，等. 龙桥铁矿采空区顶板岩层移动及冒落规律研究［J］. 矿业研究与开发，2011，31（3）：17～19，39.

［66］Yavuz H. An estimation method for cover pressure re-establishment distance and pressure distribution in the goaf of longwall coal mines［J］. International Journal of Rock Mechanics and Mining Science, 2003, 41（2）：193～205.

［67］Seryakov V M. On one approach to caculation of the stress-strain state of a rock mass in the vicinity of a goaf［J］. Journak of Mining Science, 1997, 33（2）：113.

［68］Gaziev Y A, Rizaev K A. Goaf filling with industrial wastes［J］. Journal of Mining Science, 2004, 40（5）：528～530.

［69］Ray S K, Singh R P. Recent developments and practices to control fire in underground coal mines［J］. Fire Technology, 2007, 43（4）：285～300.

［70］Ferreras R J, Nicieza C G, Diaz A M. Measurement and analysis of the roof pressure on hydraulic props in longwall［J］. International Journal of Coal Geology, 2008, 75（1）：49～62.

［71］Lou Shuhan, Yang Biao, Luo Zhouquan. Three-dimensional information acquisition and visualization application in goaf［J］. Procedia Engineering, 2014, 84：860～867.

［72］Ting Xiang Ren, Rao Balusu. Proactive goaf inertisation for controlling longwall goaf heatings［J］. Procedia Earth and Planetary Science, 2009, 1（1）：309～315.

［73］Li Fanxiu. Four-element connection number based on set pair analysis for underground goaf risk evaluation［J］. Energy Procedia, 2011, 13：4217～4222.

［74］Xie Zhenhua, Jin Cai, Zhang Yu. Division of spontaneous combustion "three-zone" in goaf of fully mechanized coal face with big dip and hard roof［J］. Procedia Engineering, 2012, 43：168～173.

［75］Hu Yuxi, Li Xibing. Bayes discriminant analysis method to identify risky of complicated goaf in mines and its application［J］. Transactions of Nonferrous Metals Society of China, 2012, 22（2）：425～431.

［76］Zhou Jian, Li Xibing, Mitri Hani S. Identification of large-scale goaf instability in underground mine using particle swarm optimization and support vector machine［J］. International Journal of Mining Science and Technology, 2013, 23（5）：701～707.

［77］Lv Shuran, Lv Shujin. Research on governance of potential safety hazard in Da'an Mine goaf［J］. Procedia Engineering, 2011, 26：351～356.

［78］Xie Zhenhua, Zhang Yu, Jin Cai. Prediction of coal spontaneous combustion in goaf based on the BP neural network［J］. Procedia Engineering, 2012, 43：88.

［79］Tan Bo, Shen Jing, Zuo Dongfang. Numerical analysis of oxidation zone variation in goaf［J］. Procedia Engineering, 2011, 26：659～664.

［80］Qin Yueping, Liu Wei, Yang Wuwu. Numerical simulation study of spontaneous combustion in goaf based on non-Darcy seepage［J］. Procedia Engineering, 2011, 26：486～494.

［81］Che Qiang, Shu Zhongjun, Zhou Xinquan. Multi-field coupling laws of mixed gas in goaf［J］.

Procedia Engineering, 2011, 26: 204～210.

[82] Li Liang, Hao Gang, Wu Kan. New viewpoint of foundation stability of newly building upon goaf [J]. Energy Procedia, 2012, 17: 1717～1723.

[83] Gao Yukun, Jiang Zhongan, Zhang Yinghua. Experimental study on sodium bicarbonate inhibiting spontaneous combustion of remaining coal in goaf [J]. Energy Procedia, 2011, 13: 4150～4157.

[84] Li Juanjuan, Pan Dongming, Liao Taiping. Numerical simulation of scattering wave imaging in a goaf [J]. Mining Science and Technology, 2011, 21 (1): 29～34.

[85] Li Zongxiang, Lu Zhongliang, Wu Qiang. Numerical simulation study of goaf methane drainage and spontaneous combustion coupling [J]. Journal of China University of Mining & Technology, 2007, 17 (4): 503～507.

冶金工业出版社部分图书推荐

书　　名	作　者	定价（元）
现代金属矿床开采科学技术	古德生　等著	260.00
采矿工程师手册（上、下册）	于润沧　主编	395.00
现代采矿手册（上、中、下册）	王运敏　主编	1000.00
我国金属矿山安全与环境科技发展前瞻研究	古德生　等著	45.00
深井开采岩爆灾害微震监测预警及控制技术	王春来　等著	29.00
地下金属矿山灾害防治技术	宋卫东　等著	75.00
中厚矿体卸压开采理论与实践	王文杰　著	36.00
地下工程稳定性控制及工程实例	郭志飚　等编著	69.00
采矿学（第2版）（国规教材）	王　青　等编	58.00
地质学（第4版）（国规教材）	徐九华　等编	40.00
工程爆破（第2版）（国规教材）	翁春林　等编	32.00
采矿工程概论（本科教材）	黄志安　等编	39.00
矿山充填理论与技术（本科教材）	黄玉诚　编著	30.00
高等硬岩采矿学（第2版）（本科教材）	杨　鹏　编著	32.00
矿山充填力学基础（第2版）（本科教材）	蔡嗣经　编著	30.00
采矿工程CAD绘图基础教程（本科教材）	徐　帅　等编	42.00
露天矿边坡稳定分析与控制（本科教材）	常来山　等编	30.00
地下矿围岩压力分析与控制（本科教材）	杨宇江　等编	39.00
碎矿与磨矿（第3版）（本科教材）	段希祥　主编	35.00
新编选矿概论（本科教材）	魏德洲　等编	26.00
矿山岩石力学（本科教材）	李俊平　主编	49.00
土木工程安全管理教程（本科教材）	李慧民　主编	33.00
土木工程安全检测与鉴定（本科教材）	李慧民　主编	31.00
地下建筑工程（本科教材）	门玉明　主编	45.00
岩土工程测试技术（本科教材）	沈　扬　主编	33.00
地基处理（本科教材）	武崇福　主编	29.00
土木工程施工组织（本科教材）	蒋红妍　主编	26.00
土力学与基础工程（本科教材）	冯志焱　主编	28.00
金属矿床开采（高职高专教材）	刘念苏　主编	53.00
金属矿山环境保护与安全（高职高专教材）	孙文武　等编	35.00
井巷设计与施工（高职高专教材）	李长权　等编	32.00